식물 디자인의 발견

오경아

작가, 가든디자이너. 방송작가로 활동하다, 2005년부터 영국 리틀컬리지와 에식스대학교
에서 가든 디자인을 공부한 뒤, 현재 속초에서 살고 있다. 한국으로 돌아온 해인 2012년부
터 가든디자인스튜디오를 운영하며 정원을 디자인하고 있다. 대표적인 가든 디자인 공간
으로는 스타필드 위례, 부천, 부산 명지 등의 상업공간과 '한글정원', '도시정원사의 하루',
'Pot-able garden', 'seedbank garden' 등의 전시작품, 또 국립공원 명품마을 브랜딩
작업을 포함한 다수의 아웃도어 브랜딩 작업까지 정원 자체를 통합적으로 디자인하는 데
주력해왔다. 더불어 글을 쓰는 작가 활동도 이어가 정원에 대한 이해를 돕는 10여 권의 다
양한 저서를 집필했고, 꾸준히 우수한 해외서적을 선정해 번역에도 참여해왔다. 모든 프
로젝트 속에서 '정원은 보여주는 공간이 아니라 그곳에 사는 사람들의 삶의 철학과 생활
이 녹아 있는 살아 있는 주거환경'이라는 가치를 심는 데 집중했고, 좀 더 나은 아름다움
의 연출을 위해 다양한 분야의 예술가들과 협업을 지속하고 있다.

식물 디자인의 발견

1판 1쇄 펴냄 2021년 8월 7일
1판 3쇄 펴냄 2023년 8월 1일

글·그림 오경아

주간 김현숙 │ **편집** 김주희, 이나연 │ **책임편집** 변효현
디자인 이현정, 전미혜 │ **영업·제작** 백국현 │ **관리** 오유나

펴낸곳 궁리출판 │ **펴낸이** 이갑수

등록 1999년 3월 29일 제300-2004-162호
주소 10881 경기도 파주시 회동길 325-12
전화 031-955-9818 │ **팩스** 031-955-9848
홈페이지 www.kungree.com │ **전자우편** kungree@kungree.com
페이스북 /kungreepress │ **트위터** @kungreepress │ **인스타그램** /kungree_press

ISBN 978-89-5820-720-7 (03520)

책값은 뒤표지에 있습니다.
파본은 구입하신 서점에서 바꾸어 드립니다.

Plant Design is
Art of Everyday Life!

식물 디자인의 발견

— 초본식물편 —

가든디자이너 오경아의 형태, 질감, 색,
계절별 정원 식물 스타일링

오경아 글 · 그림

궁리
KungRee

| 일러두기 |

· 이 책에 쓰인 식물 이름은 북유럽식 라틴어 발음표기를 따랐다. 때문에 현재 우리나라 혹은 유럽, 미국의 식물시장에서 불리고 있는 식물 이름과 다를 수 있다. 예를 들면 *Ajuga*의 경우 '아주가'가 아니라 '아유가', *Heuchera*는 '휴케라'가 아니라 '헤우케라' 등으로 표기되었다.

· 본문 1~5장에서는 식물 디자인을 시각적이고 직감적으로 이해할 수 있도록 식물 그림들에 개별 식물 이름을 표기하지 않았음을 밝힌다. 각각의 식물 이름은 6장 〈Plant Identification〉에서 확인 가능하다. 식물 공부를 위해 그림을 보고 하나하나 직접 찾아보는 공부를 권장한다.

　'식물을 디자인한다'는 말 자체가 실은 매우 애매하다. Design의 어원이 일종의 'sign(상징)을 드러낸다'는 뜻인데, 살아 있는 생명체인 식물에 우리가 인위적으로 어떤 개념을 설정하고 연출한다는 것이 말이 안 될 수 있기 때문이다. 하지만 원론적으로 정원은 인간이 연출하고 있는 지극히 인위적 공간이다. 자연상태에서는 불가능하지만, 남반구와 북반구 자생의 식물이 바로 옆에서 이웃할 수 있는 것도 인간의 개입이 있었기 때문이다. 인위적 공간은 반드시 인간의 예술성이 드러날 수밖에 없고, 정원 디자인에 있어서도 그 예술성이 가장 많이 드러나는 영역이 바로 '식물 디자인'이다.

　그렇다면 어떤 원리로 어떻게 식물 디자인을 잘할 수 있을까? 모든 예술이 그러하듯, 식물 디자인도 누군가가 찾은 답을 두루 살피고 배워가는 공부를 통해 나의 선호도와 나만의 예술적 포인트를 찾아내는 것이 중요하다.

개인적으로는 나의 열 번째 책이기도 한 이 책『식물 디자인의 발견: 초본식물편』은 집필에만 수년이 걸렸다. 이미 4년 전에 다 써놓았던 원고를 버리고, 새롭게 구성해서 쓴 지 1년 만에 완성을 보게 된 셈이다. 집필 기간이 길었다는 건 그만큼 이 분야가 결코 쉽지 않다는 증거이기도 하다. 나름대로 최선을 다해 누구라도 좀 더 쉽게 식물 디자인을 구사하고 시도할 수 있도록 책을 구성하는 데 애를 썼다. 참고로, 이번 책이 '초본식물편'으로 묶인 것은 목본식물이 빠져 있기 때문이다. 정원에서 당연히 중요한 위치를 차지하는 큰 나무와 덤불 형태의 나무들은 이후 다른 편으로 새롭게 집필을 해볼 예정이다.

이 책에서 다루고 있는 초본식물은 흔히 '풀'로 표현할 수 있는데, 겨울이 되면 해를 거듭해 나와주는 다년생이든 일년생이든 모두 부드러운 줄기와 잎이 사라진다. 사실 나무가 아니라 초본식물이 정원의 주인공으로 중요하게 여겨진 지는 오래되지 않았다. 그 중추적 역할을 한 가든디자이너는 바로 19세기 말, 20세 초에 활동했던 영국의 거트루드 지킬(Gertrude Jekyll, 1843~1932)이다. 그녀는 큰 나무를 정원에 배치하거나 나무를 자르고 깎는 인위적인 모양 내기가 핵심이었던 서양 전통의 가든디자인 방식을 깨고, '초본식물 색채 화단'을 처음으로 디자인했다. 이 식물 디자인 개념이 우리나라에서는 아직 본격적으로 소개되지 않아 익숙하지 않다. 때문에 많은 부분을 내가 영국 유학을 통해 배우고 또 한국에서 직접 확인해온 경험들을 기초로 이 책을 집필했다. 우선적으로 이 책의 근간은 초본식물 디자인의 교과서라고 일컬어지는 거트루드 지킬의 식물 디자인 노하우에서 많이 빌려왔다. 여기에 8년 간의 유학을 마치고 한국으로 돌아와 2012년부터 본격적으로 가든디자이너로 활동하면서 직접 시도해본 국내 사례들을 중심으로 본문을 구성했다.

　식물을 디자인하는 일, 즉 식물들이 피워내는 꽃, 잎, 줄기 등의 색채와 형태, 질감을 이용해 화단을 연출하는 것은 생각만큼 쉽지 않다. 근본 이유는 식물이 살아 있는 생명체로 시시각각 그 성장이 달라지고, 더불어 식물은 각자 정해진 생명주기에 의해서 꽃과 잎을 틔우기 때문이다. 또 수많은 초본식물들은 각기 독특한 잎과 꽃, 줄기의 형태를 지니고 있는 데다, 더 큰 문제는 아무리 재배된 식물이라 할지라도 자생지의 기억을 지니고 있기 때문에 물을 좋아하고, 싫어하고, 추위에 약하고, 비에 약하고 등의 각기 다른 환경적 취약점과 선호도가 있다. 결론적으로 각각의 식물들이 지닌 이 모든 특징을 잘 알고, 함께 심어도 될지, 또 조합에 의해 어떤 효과가 나는지를 짐작해야만 제대로 된 식물 디자인을 완성할 수 있다. 이 책에서는 이런 점을 좀 더 쉽게 이해할 수 있도록 그림을 통해 설명하려고 노력했다.

　또한 이 책은 많은 부분을 재배식물의 이름을 기억하고, 어떤 특징이 있는지, 좋아하는 환경은 무엇인지, 디자인적 매력은 무엇인지에 대해 공부하는 데 할애했다. 그 이유는 이 공부가 식물 디자인을 풀어낼 수 있는 열쇠를 쥐고 있기 때문이다. 여기 본문에 담긴 108가지 정원 식물(재배초본식물)은 우리나라 정원에서 활용 가능한 식물들을 선정한 것으로 하나하나 눈여겨 살펴봐주고 공부해주길 바란다.

　참고로, 이 식물들은 적어도 가든디자이너로서 내 집 정원이나 내가 진행한 프로젝트 장소에서 사용해본 것들이다. 물론 이 책에 언급된 식물 중에는 아직 본격적으로 우리나라 식물시장에 들어오지 않은 것도 있지만 대부분은 씨앗이나 모종 형태로 구입이 가능할 것이다. 더불어 1장에 언급된 식물 디자인 사례도 그동안 내가 구사해본 구성을 토대로 제안했기 때문에 똑같이 따라해보는 것도 초보자에게는 도움이 될 듯하다. 하지만 중요한 것은 따라하기를 뛰어넘어, 나만의 식물 조합에 대한 노하우와 식물 디자인 방식을 직접 구성해보는 것이다. 사람마다 좋아하는 색감이 다르고, 표현 방식이 다를 수밖에 없는 만큼 이 책을 바탕으로 더한층 매력적인 나만의 식물 디자인을 완성할 수 있기를 기대한다.

물론 이 책을 읽고 공부했다고 해서 바로 식물 디자인 구사가 뚝딱 되지는 않을 것이다. 여전히 정원에 어떤 식물을 심어야 하나 막막하고 고민이 잘 풀리지 않겠지만, 적어도 식물시장에서 식물을 고를 때, 어떤 식물을 조합해야 예쁠지, 하나하나의 식물을 뛰어넘어 그 전체 조합에 대해 생각하게 된다면 식물 디자인에 대한 개념이 비로소 생겼다고 볼 수 있을 듯하다.

무엇보다 이 책이 좀 더 아름다운 정원을 만들고자 하는 정원 생활자들에게 도움이 되길 바란다. 결국 아름답고 예쁜 것만큼 우리의 눈과 마음을 정화시키는 것도 없기 때문이다.

2021년 7월
오경아

차례

1

Planting
Design Art

정원은 식물 수집 전시장이 아니다

식물원과 수목원은 식물을 수집하여 전시하는 대표적인 공간이다. 식물에 대한 연구와 보존이 필요하기 때문이다. 사람마다 정원을 만들고 가꾸는 목적은 각기 다를 수 있다. 그러나 정원의 목적이 연구와 보존이 아닌 우리의 주거지를 더한층 아름답게 만들기 위해서라면 그저 식물을 수집하는 차원에서 벗어날 수 있어야 한다. 식물을 심는 것 자체도 예술의 표현이기 때문이다. 즉 어떤 식물을, 무슨 주제로, 어떻게 조합하여 심을 것인가는 매우 중요한 정원 예술의 한 축이다. 이것을 '식물 디자인'이라는 개념으로 이해하면 좋을 듯하다.

식물 디자인 예술의 탄생

식물을 조합하고, 조율하여 인간의 쓸모와 미적 감각에 맞게 디자인한
역사는 고대 문명이 발달했던 메소포타미아, 이집트, 로마로까지
거슬러간다. 자칫 정원을 자연 그 자체로 오해하는 경우도 많지만,
정원은 매우 강렬한 아트, 인간 예술의 영역이다. 다만 그 연출의
방식이 자연의 모방(동양)에 좀 더 집중했던 문화와 인간적 창의력
(메소포타미아, 유럽)을 선호했던 기호의 선택이 있을 뿐이다. 하지만
자연의 모방이든 정형성을 기초로 한 인간의 창의력이든 정원의
문화가 순수미술과 같은 본격적인 예술의 영역으로 자리 잡게
된 지는 그리 오래되지 않았다. 정원의 역사에서는 그 시작점을
19세기 말, 영국의 가든디자이너 거트루드 지킬의 '초본식물 디자인
(Herbaceous planting design)'으로 본다. 그렇다면 거트루드 지킬의
식물 디자인은 기존의 전통 서양정원과 어떤 점이 달랐을까?
거트루드의 활동 시기는 인상주의 화가가 활동했고, 산업혁명의
대량생산을 반대하는 소규모 수공 예술부흥운동인 '아트 앤드
크래프트'가 전성기에 이르렀을 때였다. 지킬은 이 사조를 정원의
세계에 접목시킨 예술가로 볼 수 있다. 그녀의 식물 디자인은 정원을
순수예술의 경지로 끌어올려 인상주의 화가가 그린 화폭에서나 발견할
수 있는 색과 구도를 식물을 통해 만들어냈고, 소멸할 수 있고, 다시
탄생할 수 있는 지금껏 없었던 새로운 개념의 예술을 탄생시켰다. 이런
거트루드 지킬의 식물 디자인은 이후 '초본식물 화단의 예술' 혹은
'아트 앤드 크래프트 정원'이라 부른다.

정원은 식물과 구조물을 활용해
우리의 거주지를 아름답게 창조해가는 인간 예술의 공간이다.

초본식물의 가치

초본식물은 '풀'로 구별되는 식물군을 통칭한다. 딱딱한 목대를 지닌 나무와 비교되는 개념으로 부드러운 줄기와 잎을 지녔고, 키는 0.1~3m 미만으로 작다. 겨울이 되면 대부분의 잎과 줄기가 소멸되고, 다년생의 경우에는 뿌리가 살아남아 다음해 싹을 틔운다. 거트루드 지킬은 초본식물군이 지니고 있는 현란한 잎과 꽃의 형태 그리고 무엇보다 물감보다 더 화려한 식물의 색감에 주목했다. 초본식물마다 각기 다른 잎과 꽃의 형태, 색을 어떻게 조합하느냐에 따라서 마치 화가가 그린 화폭처럼 예술적 표현이 가능했기 때문이다. 거트루드 지킬이 쓴 책과 남겨놓은 사진을 보면 그녀가 이 초본식물을 색으로 조합한 흔적들을 역력히 볼 수 있다.

예를 들면 보라+분홍+하양+은청+자주의 조합은 부드러우면서도 차분한 분위기를 표현하고, 노랑+주황+진한 빨강의 조합은 강렬하면서도 활동적이다. 거트루드 지킬은 이런 일련의 색상 조합을 화단 속에서 다양하게 시도했다. 더불어 잎이 주는 서로 다른 질감의 차이를 이용한 디자인도 즐겼다. 예를 들면 크고 넓적한 잎을 지닌 식물은 되도록 무늬가 있는 종을 사용해 질감을 좀 더 가볍게 만들어주고, 이 잎과 어울리는 강렬한 색의 꽃을 피우는 식물을 함께 배치하는 등의 원리를 이용했다. 식물 디자인은 간단하게 표현하자면 '식물 조합'의 예술이라고 할 수 있다. 화가는 화폭 속에 사물을 배치하고 어떤 색으로 표현할지를 고민한다. 식물 디자인의 세계도 정확하게 같은 작업이다. 어떤 사물(식물)을, 어떻게 배치하고, 어떤 색으로 표현할지를 고민하고 창조해가는 것이다.

초본식물은 목본식물과 비교해 크기는 작지만 훨씬 더 다양한 형태와 색을 지니고 있다.
이 다양한 초본식물의 색과 질감, 형태의 조합 예술을 찾아가는 것이
식물 디자인의 첫걸음이라고 할 수 있다.

재배식물이 중요한 이유

정원 식물은 야생에서 스스로 자라는 식물과 다르다!

식물시장에서 구입하게 되는 식물은 야생식물이 아니다. 인간에 의해
재배된 식물이라는 의미로 '재배식물(재배종, 원예종)'이라고 한다.
비유를 하자면 우리가 가축으로 키우는 '돼지'가 인간이 야생 멧돼지의
품종을 개량해 만든 종인 것과 같은 이치다. 결론적으로 재배식물은
인간에 의해 정원에 심길 수 있도록 개량된 식물을 말한다.

왜 재배식물을 만들까?

좀 더 아름다운 식물을 얻기 위해서이다. 양귀비(왼쪽: *Papaver*)와
호스타(오른쪽: *Hosta*)의 서로 다른 재배종을 비교해보자. 꽃과 잎의 색,
형태, 키가 모두 다르다. 재배종은 다양한 색과 형태를 만드는 데
주안점을 두지만, 크거나 작거나, 특정 병충해에 취약한 단점 등도
극복시킨다.

같은 양귀비 속의 식물이지만 재배 방식에 따라 유전적으로 변형되어
보라색과 빨간색으로 꽃의 색이 달라졌다.

재배종이 없다면 식물 디자인은 불가능하다?!

재배식물은 아름다운 관상 효과를 내도록 인간에 의해 개발된
품종이다. 야생의 식물은 당연히 재배식물에 비해 관상 효과가 적고
살고 있는 그 자리를 벗어나면 죽거나 쇠퇴하거나 혹은 반대로 잡초의
성질로 온 정원을 뒤덮을 수 있다.

지금도 재배식물은 계속 개발되고 있다!

예를 들면 해마다 영국의 '첼시 플라워쇼'에서는 지금까지 등장한 적
없는 신품종 재배식물이 선을 보인다. 재배종의 개발은 지금도
전 세계에서 매우 활발하다. 결론적으로 우리의 정원을 좀 더
아름답게 연출하고 싶은 열망이 멈추지 않는 한 이 재배종의 개발은
더욱 발달할 게 분명하다.

같은 호스타 속의 식물이지만 품종에 따라 잎에 무늬가 있거나
색상도 사뭇 달라진다.

2

Plant
Characters

디자이너의 눈으로 식물 다시 보기

우리가 식물을 좋아하는 이유는 무엇일까? 식물이 피우는 꽃, 잎, 형태에
서 특별한 아름다움을 느끼기 때문이다. 그런데 지금까지 이 아름다움을
개별적인 것으로 봐왔다면 이제는 특정 식물을 함께 썼을 때 어떤 효과가
생기는지에 대한 조합의 관점에서 다시 볼 수 있어야 한다. 그러려면 식
물 하나하나가 지닌 형태, 색, 질감의 특징을 잘 알고, 이를 이용해 조합했
을 때의 느낌을 찾아야 한다. 예를 들면 우리가 옷을 입을 때에도 코디네
이션을 한다. 윗옷, 아래옷, 신발, 들고 있는 가방과 헤어스타일까지. 각각
의 아름다운 요소도 중요하지만 이 모든 것이 전체적으로 얼마나 잘 어울
리는지가 더 중요해진다. 식물의 구성도 아주 비슷하다. 식물이 지닌 각
각의 아름다운 요소를 어떻게 배합하고, 조정하여, 혼합했을 때 아름다울
지를 찾아내는 일이 식물 디자인의 가장 중요한 요소라고 볼 수 있다. 이
작업을 잘해내기 위해서는 식물을 희귀성이나 특정 부분만 보던 관점에
서 형태, 질감, 색 등의 차원으로 다시 구별하여 훈련하는 연습이 우선적
으로 필요하다.

식물을 형태로 분류하여 기억하자
Forms of Plants

지금까지 정원에 어떤 식물을 심을지, 그 선택의 기준이
무엇이었는지를 생각해보자. 물론 식물이 각각 지니고 있는 특별한
매력 때문일 것이다. 그렇다면 막연하게 그냥 예쁜 것 같아서라는
애매함을 좀 더 정확하게 구별해볼 필요가 있다. 특별히 꽃이
예뻤는지, 그렇다면 그 꽃은 어떤 형태와 색을 지니고 있었는지 혹은
꽃보다는 잎이나 열매 등에서 매력적인 요소를 발견한 것은
아니었는지? 사실 식물이 피워내는 꽃만 해도 그 형태가 각양각색이긴
하지만 어느 정도는 비슷한 형태로 묶어줄 수 있다.

아래 식물 조합을 보자. 왼쪽부터 샤스타데이지와 아스테르(아스타)의
경우는 데이지 형태의 꽃을 피우지만 그 옆의 붓들레야(Buddleja)
관목은 삼각뿔로 뾰족하게 솟은 형태의 꽃을 피운다. 그리고 마지막
오른쪽의 꽈리는 꽃 자체는 거의 눈에 띄지 않지만 꽃이 지고 난 후
맺히는 씨주머니의 형태가 꽃만큼이나 화려하다.

아래 다른 그룹의 식물 조합도 살펴보자. 가장 왼쪽부터 라벤더는
작지만 포도송이처럼 가늘고 길쭉한 형태로 매달려 꽃을 피운다.
그 옆 수크령의 경우는 동물의 꼬리를 연상시키는 씨를 맺는데
이 이삭이 꽃보다 더 아름다운 관상 효과를 만들기도 한다. 그 옆의
과꽃과 달리아는 데이지 형태의 꽃이지만 겹꽃과 홑꽃으로 확연하게
꽃의 느낌이 다르다. 그런가 하면 가장 오른쪽 당근은 하나의 꽃대가
솟아오른 뒤, 상공에서 우산을 펼친 듯 살이 퍼지면서 확장되는 형태의
꽃을 피운다.

이렇게 정원은 특별한 목적에 의해 한 종류의 식물을 밀식시켜
배치하기도 하지만 대부분은 각기 다른 식물들을 조합하고, 그 조합을
통해 아름다움을 연출하는 데서 미적 가치가 창출된다. 그렇다면
어떤 조합으로 어떻게 심었을 때 정원이 좀 더 아름다울 수 있을까?
그 조합의 노하우를 익히기 위해서는 우선적으로 식물을 어느 정도
그 형태별로 분류하여 특징을 이해하는 디자인적 시각이 필요하다.

① 데이지 형태의 꽃을 피우는 식물군

가운데 아주 작은 꽃이 모여 있는 중심부가 있고, 그 주변으로 잎이
변형된 꽃잎이 크게 원을 그리며 태양을 닮은 형태로 피어나는 꽃이다.
둥글고, 꽃의 색상이 선명하고 화려한 것이 특징이다. 또 식물 전체
크기에 비해서 대부분 큰 꽃을 피우기 때문에 화단에서도 단연 눈에
가장 잘 띈다. 때문에 지나치게 많은 양을 반복해서 쓸 경우,
대형 간판이 지나치게 많은 것처럼 눈을 자극시키는 단점이 있다.
특히 주황, 빨강, 노랑 등의 원색 꽃잎을 지닌 데이지 형태의 꽃은
되도록 무리지어 심기보다는 산발적으로 다른 식물들과 섞어서
심어야 과한 느낌이 줄어들어 차분한 화단을 연출할 수 있다.

② 칼처럼 뾰족하고 길쭉한 잎을 지닌 식물군

외떡잎식물의 가장 큰 특징인 잎이 칼처럼 뾰족하면서 길쭉하게
자라는 타입의 식물군으로 꽃은 초롱의 형태로 피어날 때가 많다.
잎이 옆으로 번지는 타입이 아니기 때문에 날씬한 몸집의 사람을
연상시킨다. 꽃은 잎과 줄기를 따라 수직으로 올라가며 연이어
피어난다. 크게 눈에 띄는 꽃을 피우는 것은 아니지만 은은하면서도
고급스러운 매력이 있다. 혼자 단독으로 쓸 경우에는 날씬해 왜소해
보일 수 있어 적어도 3~5포기 정도는 무리지어 한 무더기로 심어주는
것이 좋다. 이 형태의 식물군으로만 연출하게 되면 내추럴한 느낌은
강하지만 화려함이 줄어들기 때문에 사계절 식물의 꽃을 즐기려는
화단에서는 화려한 데이지 형태의 식물과 혼합하여 심어주면 서로의
장단점을 잘 보완할 수 있다.

③ 꼬리 형태의 꽃을 피우는 식물군

동물의 꼬리와 비슷한 형태의 꽃을 피우는 식물군으로 마치 잔털이
돋아난 듯한 느낌을 준다. 데이지 형태의 꽃, 초롱꽃과는 확연하게
다른 느낌의 꽃이다. 이 식물군은 대부분 큰 잎보다는 가늘고 좁고
작은 잎을 지니고 있기도 하다. 때문에 마치 땅에서 꼬리가 솟아오른
듯 보인다. 화려한 꽃은 아니지만 그 형태가 독특하기 때문에 화단에
심겼을 때 마치 굵은 붓으로 터치를 한 것처럼 보인다.
단독으로 쓰기보다는 5~10포기 정도 무리지어 심어야 효과가 크다.
꽃의 형태가 야생에서 스스로 피는 꽃의 느낌이 강해서 이 식물군을
많이 쓰게 되면 초원을 연상시키는 자연스러운 화단 연출이
가능하지만, 꽃의 느낌이 화려하지는 않기 때문에 크기가 작은
화단에서는 다른 화려한 형태의 식물군을 혼합하여 쓰는 것이 좋다.

④ 우산 형태의 꽃을 피우는 식물군

꽃대가 높게 솟아오른 후 우산을 펼친 듯 살이 갈라지며 작은 꽃이
무리지어 피어나는 형태의 식물군이다. 무리지어 피어나기 때문에
큰 꽃으로 보이기도 하지만 작은 꽃이 모여 있어 둔탁한 느낌이 덜하고
또 공중에 떠 있는 듯 보여 어떤 식물과 혼합해도 잘 어울린다.
특히 흰색, 보라색, 연두색 등으로 화려하지 않은 색의 꽃을 피우는
우산 형태의 꽃은 무리지어 크게 영역을 확보하여 심기보다는
개별적으로 화단 전체에서 골고루 흩뿌리듯 다른 식물들 사이사이에
심어주면 좋다. 가장 잘 어울리는 그룹은 데이지 형태의 꽃을 피우는
식물군으로 지나치게 뚜렷하고 화려한 데이지 형태의 꽃을 부드럽게
완화시켜주는 역할을 한다.

⑤ 굵고 뚜렷한 형태의 잎을 지닌 식물군

꽃보다 잎의 관상 효과가 더 뚜렷하다. 잎을 보는 식물들은 상당수가
그늘에서 자생한다. 잎이 넓고 클 뿐만 아니라 하트, 손바닥, 톱니바퀴,
부채 모양 등으로 그 형태가 다양하면서도 뚜렷하다. 더불어 잎이
초록색 외에도 연한 녹색, 짙은 초록색, 청색 등으로 다양한 초록의
톤을 기대할 수 있다. 잎을 이용한 디자인을 할 때는 잎의 크기를
이용하는 것이 일반적이다. 큰 잎과 곱고 가는 잎을 혼합하여 쓰게
되면 같은 잎이지만 다양한 변화를 줄 수 있고, 특히 잎에 특정한 색과
무늬가 있는 품종을 선택하면 자칫 무거울 수 있는 초록의 화단 색채를
밝게 변화시킬 수 있다. 더불어 진한 자주색을 띠는 잎 등을 활용하면
마치 잎 자체가 꽃처럼 보여 다채로운 색의 구성도 가능하다.

⑥ 갈대 형태의 식물군

매우 가늘고 긴 잎을 지닌 외떡잎식물군으로 꽃은 거의 눈에 보이지
않을 정도이지만 씨가 맺히는 과정에서 독특한 이삭 모양을 갖는다.
동물의 꼬리처럼 생긴 이삭의 형태도 있지만 벼와 보리처럼
굽어지는 줄기 끝에 마치 송이가 매달리듯 열리는 이삭도 있다.
잎은 자연스럽게 굽어지는 형태로 워낙 가늘고 곱기 때문에
잔바람에도 소리를 내며 출렁거린다. 잎에 줄무늬가 있거나 자색,
청색 등으로 초록에서 벗어난 색상도 많다. 갈대 형태의 식물은 어떤
식물군보다 야생의 느낌이 강하기 때문에 화단에 심어주면 내추럴한
느낌이 강해진다. 다만 이 식물군으로만 연출하게 되면 지나치게
볼륨이 강해지는 데다 색상이 단조로워질 수밖에 없어서 데이지
형태의 식물군, 초롱꽃 형태의 식물군과 혼합하면 좀 더 화려해진다.

식물을 색의 조합으로 생각해보자

Colors of Plants

식물의 색을 이용하기 위해서는 우선 색에 대한 이해가 필요하다. 노랑, 빨강, 파랑의 삼원색과 여기에서 파생된 여섯 가지 색상환은 서로 인접해 있는 색과 마주보는 보색이 있다. 특정한 색의 조합이 우리에게 정서적 영향을 미친다는 이론은 문인 괴테에 의해 주장된 학설이다. 그는 특정 색의 결합이 인간의 정서를 다르게 자극한다고 말했다. 예를 들면 하양+파랑+보라+연한 분홍의 조합은 차가운 색으로 우리의 정서를 안정시키는 효과를 가져오는 반면, 노랑+빨강+ 주황+초록의 조합은 우리의 뇌를 자극하고 활동하게 한다는 이론이다.

괴테는 그 외에도 노랑은 경고, 빨강은 흥분, 파랑은 고요함, 초록은 편안함을 느끼게 한다는 이론을 제기하기도 했다. 물론 이것은 과학적으로 검증된 이론이 아니기 때문에 누군가는 반론을 제기할 수도 있지만 색이 단순히 물리적 빛의 파장에 그치지 않고 사람들에게 정서적 감정을 일으킨다는 사실은 분명해 보인다. 색을 통해 좀 더 아름다운 식물 구성을 하고 싶다면 일단 평소 색에 대한 관찰과 실험을 통해 다양한 색의 조합을 눈에 익히는 것이 좋다. 화가들이 그린 그림을 연구해보는 것도 큰 도움이 된다. 화가들은 보색, 인접색 혹은 자신이 직접 만들어내는 색상 조합을 사용해 화폭에 큰 인상을 남긴다. 식물 디자인도 물감 대신 식물의 색을 활용해 이런 조합이 가능하다.

(위) 튤립, 호스타, 물망초
흰색, 초록색, 파란색의 결합으로 차분하고 세련된 느낌이 강조된다. 호스타는 잎에 흰색 줄무늬가 있거나, 은청색을 많이 띠고 있는 품종을 선택하게 될 경우 조금 더 흰색 느낌이 강조되어 부드러워진다.

(아래) 금낭화, 헤우케라, 튤립
잎이 노란색을 띠고 있는 금낭화, 헤우케라(휴케라)의 진한 자주색 잎, 튤립의 진한 분홍색 꽃이 독특한 색의 조합을 만든다.

① 보색대비

서로 마주보는 색 혹은 보완하는 색으로 불리는 색의 조합을 말한다.
일반적으로 여섯 가지 색상을 기본으로 보라+노랑, 주황+파랑,
빨강+초록을 보색의 관계 혹은 보색대비의 결합이라 한다.
보색대비는 자연상태에서도 쉽게 발견할 수 있다. 초록 개구리의
빨간 반점, 보라 감자꽃의 노란 수술, 푸른 바다에 주황 태양 등이
대표적이다. 보색대비를 예술적으로 가장 많이 활용한 분야는 19세기
말 인상주의 화가들이다. 모네, 르누아르, 세잔, 고흐 등의 그림에서
이 보색대비를 쉽게 찾을 수 있다. 모네는 보색대비에 대해서 "홀로
있을 때보다 함께 썼을 때 가장 강렬해질 수 있는 색의 결합"이라고
이라고 표현했다. 식물 디자인에서 만약 꽃이나 잎의 색상을
보색대비로 연출하게 된다면 모네의 표현처럼 가장 강렬한 색의
예술을 만들어낼 수 있다.

② 따뜻하고 온화한 색감

1810년 독일의 문호 괴테는 『색채론』이라는 책을 발표한다.
색에 대한 분석과 함께 특정 색이 인간의 특별한 정서를 만들어낸다는
이론서였다. 그가 예로 든 '뜨거운 색감'은 노란색과, 빨간색의
결합으로 따뜻하고 온화한 정서를 만들어내고, 파란색과 남색의
결합은 차분하고 차가운 느낌을 만들어낸다는 것이다.
이 이론은 예술의 영역은 물론 집 안을 장식하거나 상징성을 갖는 일에
많이 활용되었다. 식물 디자인에도 이런 원리를 적용하게 되면 노랑과
주황, 붉은 계열의 색을 조합하여 좀 더 따뜻하고 온화한 화단을
연출하는 일이 가능해진다. 정원 화단에서는 주로 여름 정원 연출에
이 색감이 자주 활용된다.

③ 차분하고 차가운 색감

파랑, 보라, 하양의 색상이 조합된 상태를 말한다. 괴테는 이런
색상의 결합은 우리의 정서를 조금 더 차분하면서도 차갑게 만든다고
밝혔다. 예를 들면 꽃의 색상이 파란색, 보라색인 식물과 잎에 은청색이
들어가 있는 식물 등을 조합하면 차분하고 차가운 색감의 화단 연출이
가능해진다. 색감에 의해 연출되는 화단은 화가가 화폭에 남겨놓은
색의 조합과 매우 비슷한 효과를 지닌다. 단, 식물 디자인에 있어서
가장 중요한 점은 식물을 선정하는 기준이 특정 식물이 아니라는
점이다. 만약 푸른색의 꽃을 피우는 물망초를 구하지 못했다면 이와
비슷한 색채의 꽃을 피우는 무스카리, 카마시아 등으로 교체를 할 수
있다. 색이 주제라면 그 색에 충실할 수 있는 식물을 골라 화가가
화폭에 물감으로 색을 칠하듯, 식물로 그 색을 표현하는 것이 중요하다.

④ 단색 컬러 화단

여러 가지 색을 섞지 않고 한 가지 색으로만 화단을 조성하는 기법은
거트루드 지킬에 의해 독창적으로 시도된 것으로 보고 있다.
그중에서도 그녀가 가장 많이 언급하고 만든 것으로 알려진 '블루 앤드
그레이' 화단은 은색, 청색의 잎과 흰색 꽃을 피우는 식물을 모아놓은
화단을 말한다. 이 화단은 이후 '화이트 가든'이라는 이름으로 불리게
되는데, 공식적으로 '화이트 가든'이라고 명명한 곳은 영국의
시싱허스트 캐슬 정원으로 알려져 있다. 시인이자 소설가였던 비타
색빌 웨스트(Vita Sackville-West, 1892~1962)는 정원의 한 부분을 흰색
꽃을 피우는 식물, 잎과 줄기에 흰색 줄무늬나 색상을 지닌 식물만을
모아 단색 컬러 화단을 만들었고, 그곳을 '화이트 가든'이라 칭하게
된다. 이후 많은 나라의 후배 디자이너들에 의해 '화이트 가든'은
꾸준히 오늘날까지도 단색 컬러 화단의 대표적 형태로 만들어지고 있다.

3

Plant Combination
Principles : Habitat

자생지로
식물 조합하기

식물 조합에서 가장 우선적으로 생각해야 하는 부분이 바로 자생지이다. 각 식물에게는 그 식물이 원래 자란 환경이 있다. 햇볕이 쏟아지는 사막과 같은 곳일 수도 있고, 얕은 물이 출렁거리는 냇가가 될 수도 있다. 또 토양의 페하농도에 따라 산, 알칼리 농도가 달라져 특정 식물이 쇠약해지기도 한다. 물론 재배식물은 원예적 목적으로 인간에 의해 만들어지긴 했지만, 그럼에도 불구하고 모태인 식물의 자생지 조건을 선호하는 유전적 한계가 뚜렷하다. 다년생으로 해마다 살아날 수 있는 식물을 심었다면 더욱 이 자생지 조건이 중요해진다. 그래서 아예 비슷한 자생지 환경의 식물을 모아 심어주는 방식의 식물 디자인이 최근 크게 각광받고 있다. 자생지로 묶어주는 식물 디자인의 가장 큰 장점은 마치 자연에서 스스로 자란 듯 연출되고, 원예적 관리방법이 같기 때문에 조금 더 수월하게 식물을 관리할 수 있다는 점이다.

① 햇볕을 좋아하는 식물군으로 모으기

햇볕을 좋아하는 식물군은 일반적으로 그늘이 없는 초원이나
들판에서 자라는 경우가 많다. 건조함에는 잘 견디지만 흙이
축축해지는 상황에는 취약할 수밖에 없다. 화단이 양지바른 곳에
위치하고, 배수가 좋은 곳에 이 식물군을 심으면 스스로 건강하게
잘 자랄 가능성이 높다. 이 식물군은 일반적으로 잎이 작거나 가늘고
길쭉한 경우가 많은데, 자생지 환경이 햇볕의 양이 풍부하기 때문에
큰 잎이 필요하지 않아서이다. 그래서 햇볕에 강한 식물군을 모아 심을
경우 잎이 부족해서 땅이 그대로 노출될 가능성이 높다. 때문에
알리숨이나 아유가, 패랭이 등 잎이 비교적 풍성하고 작은 식물들을
혼합하여 심으면 보완 효과가 생긴다.

② 물가 혹은 습기 많은 땅을 좋아하는 식물군으로 모으기

습기와 물을 좋아하는 식물군들은 그늘이 져 있는 상황이 많기 때문에
화려한 꽃을 피우기보다는 오히려 잎을 많이 발달시키는 특징이 있다.
식물을 선정할 때, 잎의 형태와 색상 등을 고려하여 조합하면 꽃과는
또 다른 식물의 아름다움을 창출할 수 있다. 그러나 아무래도 잎이
중심이 되기 때문에 화려함은 좀 떨어진다. 단독으로 쓰기보다는 좀
넓은 영역으로 군락을 만들어 개울가나 큰 나무 밑에 배치를 하면
그 효과가 극대화된다. 더불어 그늘을 좋아하는 식물의 경우에도
아네모네, 빈카, 수국, 앵초, 아스틸베처럼 아름다운 꽃을 피워주는
식물을 이용하면 색의 연출도 가능하다.

③ 따뜻한 기후를 좋아하는 열대 식물군으로 모으기

겨울 추위가 있는 우리나라에서는 아열대 기후에서 살아가는 식물군은
다년생이라 할지라도 월동이 어렵다. 하지만 늦봄부터 초가을까지
6개월 정도의 기간을 화려하게 장식하기 때문에 일년생처럼 생각하여
구성하는 것도 좋다. 열대 식물군의 가장 큰 특징은 키가 크고, 피워내는
잎과 꽃의 크기가 온대 기후의 식물과는 확연하게 다르다는 점이다.
덩치만 큰 것이 아니라 꽃과 잎의 색상도 원색으로 화려하기 때문에
다양한 아열대 식물을 혼합하여 '열대 식물 화단'을 별도로 만든다면
독특하면서도 개성 있는 여름 화단 연출이 가능하다.

④ 초원 식물군으로 모으기

지리적으로 '초원'이란 용어는 아프리카, 미국 등의 사바나 기후에
특화된 지형을 말한다. 높은 산과 계곡이 있는 지형이 아니고 평평한
땅에 큰 나무 없이 1m 미만의 풀들이 수평선을 이룰 정도로 광대하게
퍼져 있는 곳에 자생한다. 때문에 이곳에서는 주로 초식동물들이
이 풀을 먹이삼아 살아간다. 최근 이 초원을 모방한 화단 연출이 각광을
받고 있는데, 자생력이 강한 식물을 쓰기 때문에 기존 재배종을 많이
쓰던 화단에 비해 관리가 쉽고, 생존력이 뛰어나고, 내추럴한 연출이
가능해 정원을 좀 더 자연친화적으로 만들어준다. 그러나 다소 정리되지
않고, 때로는 품종에 따라 잡초와 같은 특징을 지닌 식물도 있기 때문에
그 구성에 있어 주의가 필요하다.

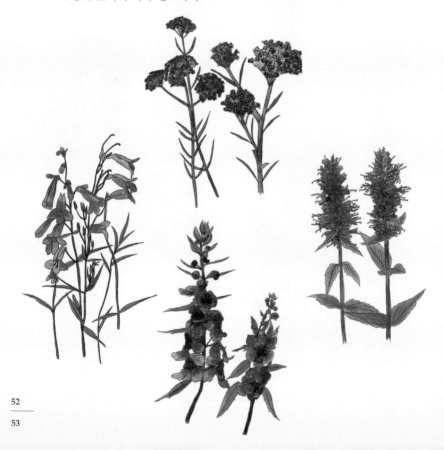

4

Plant Combination
Principles : Season

계절별로
식물 조합하기

모든 나무와 풀은 꽃을 피워내고, 씨나 열매를 맺는다. 하지만 그 시기는 식물마다 각각 다르다. 눈 속에서도 꽃을 피울 정도로 이른 봄에 잎보다 먼저 꽃을 피우는 식물도 있고 봄, 여름, 심지어 늦가을, 초겨울까지도 꽃을 피워내는 식물도 있다. 이렇게 식물이 꽃을 피우는 시기가 다른 이유는 수분 경쟁 때문이다. 수분을 맺어주는 곤충과 동물들에게 자신을 더 돋보이게 하고, 혹은 독점권을 갖기 위해서다. 문제는 이런 식물의 성장주기를 제대로 파악하지 못하고 디자인을 했을 경우 식물을 아무리 형태, 색, 질감으로 디자인했다 해도 같은 시기에 꽃이 피어나지 않는 등의 실패를 가져올 수 있다. 때문에 식물 디자인을 하기 전, 우선 언제 식물이 잎과 꽃, 씨앗을 맺는지 등의 계절에 따른 특징을 잘 파악하는 것이 필요하다.

따라서 적어도 계절별로 화단을 봄, 여름, 늦여름, 초가을로 구별한 뒤, 이 안에서 다시 주제별로 식물 조합을 구성해야 머릿속에서 그려낸 풍경을 정원에서도 똑같이 만날 수 있다.

Spring planting scheme

봄에는 이런 식물로 조합해보세요

봄 식물의 특징

온대성 기후 지역의 봄은 대략 3~5월을 말한다. 이 중 3월에서 4월
초순까지는 '이른봄', 4월 중순에서 5월 말까지는 '늦봄'으로 다시
나눈다. 절기상으로 보면 경칩(3월 5일), 춘분(3월 20일), 청명(4월 4일)은
이른봄에 해당하고, 곡우(4월 20일), 입하(5월 5일), 소만(5월 21일)은
완연한 봄이라고 볼 수 있다. 이 시기에 정원에서는 본격적으로
많은 초본식물이 꽃을 피운다. 이른봄에 꽃을 피우는 식물로는
아도니스(복수초), 나르치수스(수선화), 크로쿠스, 다프네(만리향),
히야신스, 무스카리 등이 있다. 완연한 봄에는 튤립, 아유가, 물망초,
봄맞이(안드로사체), 알리움이 꽃을 피운다. 봄 꽃은 여름 꽃에 비해
확연하게 키가 작다. 키를 크게 키우지 못하는 것은 아직은 겨울
추위가 완전히 사라지지 않았기 때문이다. 되도록 땅에서 멀어지지
않아야 혹독한 기후를 이겨낼 수 있어 봄에 꽃을 피우는 식물들
대부분은 잎이 바짝 땅에 닿을 듯 낮다. 더불어 이 시기에 꽃을 피운
식물들은 아직은 곤충이 잠에서 덜 깨어난 때여서 작은 새에게 수분을
의존하는 경향도 있다. 때문에 식물들은 곤충보다는 멀리 상공을
날아다니는 새의 눈에 띄기 위해 향기를 뿜어낸다. 추위 탓에 꽃의
크기는 작지만 자신을 향해 새들이 날아와줄 수 있도록 향기라는
장치를 이용하는 셈이다. 히야신스, 수선화, 다프네, 크로쿠스 등이
유난히 향기가 강한 이유도 여기에 있다.

봄 화단 식물 디자인 요령

봄의 화단에서 제일 중요한 관건은 땅의 관리다. 맨땅에 듬성듬성 식물이 꽃을 피우면 아무리 아름다운 꽃이라고 해도 화단 자체가 아름답게 연출될 수는 없다. 특히 봄 식물의 잎은 여름보다 훨씬 더 작고, 그 수량도 적기 때문에 꽃만 두드러지고 화단은 비어 있는 듯한 느낌이 많이 든다. 이런 단점을 없애는 것이 봄 화단 식물 디자인의 가장 큰 관건이다. 때문에 우선 봄의 식물은 대부분 한두 포기씩 홀로 심기보다는 무리지어 대량으로 심어주는 것이 요령이다. 더불어 꽃만 생각하지 말고 잎이 풍성한 식물에 대한 배려도 필요하다. 예를 들면 봄맞이, 아유가, 호스타, 돌단풍, 헤우케라 등은 잎 자체가 풍성하고 촘촘하기 때문에 지면을 잘 장식해준다. 이런 지면 덮어주기 식물들 사이를 뚫고 튤립, 수선화, 크로쿠스, 히야신스 등이 자리를 잡으면 화단 전체가 풍성하게 연출된다. 더불어 하이라이트 식물 선정은 반드시 색채, 형태, 질감에 대한 고려를 잊지 말아야 한다.

예를 들면 수선화의 경우도 노란색 꽃 외에 흰색, 트럼펫 부분에 혼합색이 매우 다양하고, 튤립의 경우는 헤아릴 수도 없는 다양한 색감을 선택할 수 있다. 색의 취향을 먼저 정하고, 그 선택된 취향에 맞게 하이라이트 식물과 배경 식물을 골라서 배합하는 것이 요령이다.

March
April
May

식물의 키가 크지 않고, 잎보다 꽃이 먼저 나오는 경우도 있다.
그러나 작지만 뚜렷하고 향기로운 꽃을 피운다.
단, 작은 크기이기 때문에 무리지어 밀식해야 효과가 크다.

Achillea	Dicentra
Adonis	Digitalis
Ajuga	Heuchera
Allium	Iris
Alyssum	Jacobaea
Andorsace	Lupinus
Aquilegia	Mukdenia
Artemisia	Muscari
Astilbe	Myosotis
Brunnera	Narcissus
Calendula	Paeonia
Camassia	Papaver
Centaurea	Philox
Convallaria	Primula
Crocus	Stachys
Delphinium	Tulipa
Dianthus	Vinca

Summer planting Scheme

여름에는 이런 식물로 조합해보세요

여름 식물의 특징

우리나라의 온대 기후에서는 여름을 6~8월까지로 볼 수 있다. 이 중
망종(6월 5일 혹은 6일), 하지(6월 21일 혹은 22일), 소서(7월 7일 혹은 8일)
까지는 초여름으로, 대서(7월 22일 혹은 23일), 입추(8월 7일 혹은 8일),
처서(8월 23일 혹은 24일)까지를 늦여름으로 볼 수 있다. 이 시기에 꽃을
피우는 식물은 키가 크고, 잎이 굵거나 긴 것이 특징이고, 식물 전체의
덩치도 봄에 피어나는 식물보다는 훨씬 더 풍성하다.
꽃의 색상이나 형태도 매우 다양한 편이기 때문에 초본식물 화단의
경우, 하이라이트 시즌은 봄보다는 여름이 될 수밖에 없다.
그러나 제각각의 키와 덩치, 색을 자랑하는 식물들이 정원에 들어서다
보니 자칫 무성해질 수밖에 없고, 더불어 키우고자 하는 식물뿐만
아니라 스스로 자라나는 잡초까지 함께 성장하면서 여름 정원은
관리에 힘겨워질 가능성이 높아진다. 화단에 파고드는 잡초를 막기
위해서는 무엇보다 흙을 노출하지 않고 원예용 멀칭 재료로 잘
덮어주는 것이 중요하다. 물론 멀칭은 초봄부터 여름까지 꾸준히
해주는 것이 좋다. 멀칭은 식물이 뿌리를 내리는 터전인 흙을 보호해
습도를 유지하고 지나치게 뜨거워지는 현상을 막아줄 뿐만 아니라
잡초가 들어오는 것도 막아준다. 더불어 키가 커지는 여름 식물은
그 끝에 커다란 꽃이 맺히기 때문에 줄기가 꺾이는 현상이 자주
생긴다. 이를 방지하기 위해서는 지지대의 설치도 꼭 필요하다.

여름 화단은 식물의 키 순서를 잘 생각해서 배치해야 한다. 봄에 싹이
나올 때에는 작은 새싹에 불과하지만 성장이 시작되면 1m를 넘기도
한다. 이런 큰 키의 식물을 화단 앞줄에 배치하게 되면 키가 작은
식물을 가려 화단 구성에 문제가 생긴다. 식물을 때로는 그룹으로 묶고
때로는 산발적으로 흩어지게 해서 전체 화단의 분위기를 고려한
디자인이 필요하다.

날씬하면서 볼륨이 적은 식물군은 홀로 쓰기보다는 무리지어 심는
것이 좋다. 붓꽃, 펜스테몬, 살비아, 앙겔로니아, 라벤더, 원추리,
백합 등은 무리지어 심어주면 볼륨감이 생긴다. 데이지 형태의 꽃을
피우는 헬레니움, 헬리안투스, 코스모스, 루드베키아도 무리지어
심어주면 효과가 뛰어나다. 이때 지나치게 화려해질 수 있음을
고려해서 공중에 떠서 우산 형태로 꽃을 피우는 당근, 앙겔리카,
베르베나 보나리안시스 등을 산발적으로 흩어지게 넣어주어 전체
분위기를 부드럽게 잡아주는 것도 좋다.

갈대도 대표적인 여름 화단을 장식하는 식물군이다. 갈대를 다른
재배식물과 함께 사용할 때는 특히 자생력이 너무 강해져 다른
식물들을 덮을 수 있다는 점을 주의해야 한다. 화단에 함께 심어줄
경우, 해를 거듭할수록 갈대의 세력이 커져 결국은 다른 식물은
사라지고 갈대로 섬덩될 가능성이 높기 때문에 몇 년에 한 번씩
갈대식물은 뿌리를 캐내 양을 줄여 다시 심어주는 작업도 필요하다.

June
July
August

여름 식물은 봄 꽃보다 풍성하고 키가 크다.
잎이 넓고 커서 꽃이 눈에 안 보일 수 있어서 꽃을 염두에 둔 디자인은
꽃이 두드러지는 품종을 잘 선택하고, 잎의 무늬나 색상도 고려하는 것이 좋다.

Agapanthus	Euryops	Nicotiana
Ageratum	Festcuca	Nigella
Alcea	Gardenia	Ophiopogon
Anethum	Gaura	Osteospermum
Angelonia	Geum	Pachysandra
Antirrhinum	Gladiolus	Panicum
Begonia,	Hakonechloa	Penstemon
Canna	Helenium	PetuniaPlycodon
Carex	Helianthus	Polygonatum
Caryopteris	Helichrysum	Ricinus
Celosia	Hemerocallis	Rubeckia
Cleome	Hosta	Salvia
Coreopsis	Hydrangea	Sedum
Cosmos	Kniphofia	Senecio
Crocomisa	Lavendula	Stipa
Dahilia	Leucanthemum	Thalictrum
Daucus	Liatris	Tradescantia
Dryopteris	Lilium	Verbena
Echinacea	Lirope	Veronica
Erigeron	Lychnis	
Euphorbia	Lysimachia	

Late Summer & Early Autumn

늦여름, 초가을 화단은
이런 식물로 조합해보세요

늦여름, 초가을 식물의 특징

늦여름, 초가을 식물은 9~11월까지 꽃이나 잎이 살아남아 관상 효과를
주는 식물군을 말한다. 절기상으로는 백로(9월 7일 혹은 8일), 추분(9월
22일 혹은 23일), 한로(10월 8일 혹은 9일), 상강(10월 23일 혹은 24일), 입동
(11월 7일 혹은 8일), 소설(11월 22일 혹은 23일)이 포함된다. 절기의 흐름
만 봐도 알 수 있듯이 이 시기는 여름이 끝나고, 겨울이 찾아오는
때이다. 식물의 입장에서는 수분을 맺어주는 대표적 곤충인 벌과
나비의 활동이 줄어드는 때여서 대부분의 식물들은 씨를 맺고
동면기에 접어들 준비를 한다. 그러나 봄이나 여름을 피해 차별화된
이 시기에 꽃을 피워 치열한 경쟁을 피하는 식물들이 있다.
그런가 하면 가을로 접어들면서 식물에게도 변화가 생긴다. 초록이
짙어졌던 여름을 지나 잎이 떨어지기도 하지만, 일부 식물들은 잎의
색깔이 노랑, 주황, 빨강 등으로 단풍이 들면서 드라마틱한 변화가
찾아온다. 잎의 색깔 변화는 꽃보다 면적이 크고, 볼륨이 있기 때문에
겨울이 오기 전 정원 전체의 색을 완전히 바꾸는 대변화가 일어난다.
유난히 단풍의 색이 선명하고 고은 식물들을 디자인에 활용한다면
가을 정원에 특화된 아름다운 정원을 연출할 수 있다.
더불어 가을로 접어들면서 식물들은 매우 빠르게 잎을 떨구겠지만
일부 식물들 중 수국이나 갈대식물처럼 씨앗을 담고 있는 씨주머니를
그대로 안고 있어 겨울 동안 볼거리를 제공하기도 한다.

늦여름과 초가을 화단 연출에서 중요한 점은 꽃만을 염두에 둘 수 없다는 점이다. 국화, 아스테르, 쑥부쟁이, 벌개미취처럼 늦가을부터 겨울이 오기 전까지 꽃을 피워주는 식물도 있지만 그 종류가 적다. 대신 잎에 단풍이 들거나 혹은 씨앗을 맺고 있는 모습에서 특별한 매력을 가진 식물을 활용한다면 봄, 여름 화단과는 차별화된 독특한 가을 정원 연출이 가능해진다. 우선 식물군을 먼저 선정해보자. 아스테르, 국화, 크로쿠스 등 추위 속에서도 꽃을 피우는 식물들이 있고, 수국, 헬리안투스, 세둠처럼 꽃은 져도 여전히 줄기가 곧게 서서 씨를 맺은 채로 유지해주는 식물들이 있다. 그리고 일시적이기는 하지만 잎이 변화되는 조팝나무, 아유가 등과 겨울에도 상록의 잎을 그대로 유지해주는 맥문동, 유카, 회양목, 상록침엽수와 함께 다양한 형태의 이삭을 피워주는 갈대를 활용할 수 있다. 또 화단에 이미 여름부터 꽃을 피웠던 헬리안투스, 세둠, 수국이 지나치게 늘어지거나 엉키지 않게 정리를 해 겨울을 나도록 해주고, 이미 봄에 피었다가 꽃까지 진 식물의 빈자리에는 새롭게 아스테르, 쑥부쟁이, 감국, 소국 등 꽃을 피워주는 하이라이트 역할 식물을 심어 마지막 색의 정원 연출이 가능하다. 갈대와 수국은 그대로 두어 누렇게 변화되는 잎과 함께 이미 졌지만 형태가 뚜렷한 꽃을 겨울 동안 감상할 수 있는 가을 정원 연출도 가능하다.

PLANTS — 늦여름, 초가을에 꽃을 피우는 식물들

September
October
November

적기는 하지만 가을 꽃을 피워주는 식물을 잘 고르는 것이 중요하다.
가을 꽃은 국화가 대표적이지만 꽃무릇처럼 독특한 형태의 꽃도 찾을 수 있다.
더불어 꽈리처럼 꽃보다 더 예쁜 열매를 찾는 것도 가을 정원의 묘미다.

Anemone
Aster
Bellis
Brassica
Callistephus
Cerastium
Chamomile
Chrysanthemum
Dendranthema
Helleborus
Gomphrena
Jasminum
Lycoris
Physalis
Viola
Yucca

5

Plant Combination
Principles : Styles

나만의 식물 디자인
스타일 찾아가기

디자인에 정해진 올바른 답 혹은 방법이란 없다. 화가가 자신만의 방식
으로 화폭 안에 구도를 잡고, 선과 색으로 예술성을 표현하듯 식물 디자
인도 똑같이 화단에 식물들로 이런 예술 행위를 한다고 생각하는 것이 좋
다. 때문에 자신만의 구성법과 특별히 좋아하는 조합의 색상 등을 나름대
로 정해보는 것도 좋다. 물론, 식물 디자인을 좀 더 전문적으로 하기 위해
서는 다양한 공부와 경험 그리고 연습이 필요하다. 가장 좋은 방법은 스
케치북 등에 우선 식물을 그려 조합을 해본 뒤, 그 느낌을 익히는 것이다.
식물의 형태가 서로 어떻게 어울리는지를 점검하고, 품종별로 색상을 선
택하여 서로 다른 색이 만났을 때 어떻게 조합되지를 훈련해보자. 특히
색의 조합은 이른바 나만의 팔레트 색감을 만들어 그 조합을 다양한 방식
으로 시도해보는 것이 좋은 방법이다.

그늘에 강한 식물을 이용한
분홍, 크림, 보라색 꽃의 조합

하이라이트 시기 : 4월

그림의 왼쪽부터 시계방향으로 앵초, 수선화, 헬레보루스, 빙카, 물망초의
조합이다. 이른봄에 꽃을 피우는 그늘에 강한 식물들이다.
식물의 크기가 초본이지만 관목형으로 커지는 헬레보루스는 중심을
잡아주는 역할을 한다. 중앙에 배치할 수도 있지만 뒤쪽으로 보내 다른
작은 식물들을 가리지 않게 해주는 것이 좋다. 또 앵초의 분홍색,
수선화의 크림색, 물망초의 파란색, 빙카의 보라색 조합은 원색이 없는
파스텔톤의 색상 조합으로 차분하면서도 깊이 있는 연출이 된다.
일반적으로 꽃을 디자인의 주제로 선정하게 될 경우에는 일시적인
하이라이트 시기(꽃이 피어나는 시기)가 지나가면 장시간 잎만 남아 있게
된다는 점도 염두에 두어야 한다.
꽃이 지고 난 후 잎만으로도 관상 효과가 날 수 있도록 잎의 형태와 크기,
색상 등을 고려하자. 그러나 모든 계절을 만족시킬 수는 없는 상황임을
생각한다면 일시적이지만 화려한 하이라이트 연출 또한 필요하다.
더불어 잎이 땅을 잘 덮어주지 않으면 잡초가 파고들 수 있어 바크,
원예상토 등의 멀칭 소재로 화단을 정갈하게 덮어주는 것도 기능적으로,
또 미관상 효과가 좋다.

튤립을 활용한
자주, 주황, 보라색의 식물 조합

하이라이트 시기 : 4월 말~5월 초

튤립은 수백 년의 재배기술 발달로 색과 형태가 매우 다양해 선택의
폭이 넓다. 원하는 크기, 색, 꽃의 형태를 골라 튤립만으로도 자체 화단을
얼마든지 아름답게 디자인할 수 있다. 그러나 튤립의 개화시기가 보름
정도임을 감안하면 다른 식물을 보강해서 적어도 한 달 이상 화단을
아름답게 연출할 수 있도록 구성하는 것이 좋다.
그림의 왼쪽부터 시계방향으로 봄맞이, 튤립, 아유가, 튤립(주황),
비올라(노랑+보라), 비올라(자주+노랑)의 조합이다. 꽃보다는 잎으로
배경이 돼주는 아유가와 개화기간이 매우 길어 3개월 이상 꽃이
지속되는 비올라, 그리고 공중에 흩뿌리듯 피어나는 희고 작은 봄맞이
꽃이 여러 색깔의 튤립을 받쳐주는 좋은 조연 역할을 해준다.
특히 여기에 사용된 색의 조합은 짙은 자주색, 흰색, 노란색, 주황색으로
자연상태에서는 잘 나타나지 않아 좀 더 강한 예술성이 드러날 수 있다.
튤립이 아니어도 짙은 자주색 꽃을 피우는 다른 식물(예를 들면 알리움)을
이용해 계절에 맞게, 이와 비슷한 색의 화단 연출은 얼마든지 가능하다.

텃밭정원과 어울리는
식물의 조합

~~~~~~~~~~

하이라이트 시기 : 5월~6월 초

그림의 왼쪽부터 시계방향으로 아퀼레기아(매발톱), 디첸트라(금낭화),
파파베르(양귀비), 페오니아(작약, 보라색 꽃), 칼렌둘라(금잔화, 주황색
꽃)의 조합이다. 시골 텃밭정원의 채소, 과실수와 조합하면 잘 어울리는
토속적 느낌이 강한 식물 디자인이다. 작약의 경우는 짙은 자주색이나
분홍색을 쓸 수도 있지만 보라색 꽃을 피우는 재배종을 선택하면
금낭화의 분홍색 꽃과 이웃하여 좀 더 독창적인 색의 연출을 할 수 있다.
금낭화의 경우는 잎이 노란 재배종이 최근 많이 도입되고 있는데,
꽃은 아니지만 잎의 색감으로 부족한 노란색을 보강하는 데 도움이 된다.
이 식물 조합은 우리나라 장독 항아리의 짙은 밤색과도 매우 잘
어울린다. 집 안에 장독대가 있다면 그 주변을 이런 조합으로
심어보는 것도 좋다.

그늘에 강한 식물군을 이용한
보라, 자주, 흰색의 조합

하이라이트 시기 : 6월~7월

그림의 왼쪽부터 시계방향으로 트라데스칸티아(달개비), 폴리고나툼
(둥글레), 관중(고사리), 호스타, 하코네클로아(사초), 맥문동이 조합되었다.
그늘에 강한 식물들은 잎이 크고 뚜렷하기 때문에 잎의 매력을 잘
살려주는 것이 식물 디자인의 관건이다. 트라데스칸티아의 경우,
최근 잎에 노란색이 강화된 품종이 많이 나오고 있다. 보라색 꽃을
피우게 되면 노랑과 보라의 보색대비가 일어나기 때문에 강렬한 효과가
나타난다. 맥문동의 꽃은 여름에 보라색 혹은 흰색으로 피어나지만
꽃보다는 초록의 잎이 큰 역할을 한다. 또 지면을 초록색으로 덮어주기
때문에 그 위에 솟아오르는 식물의 색이 좀 더 부드럽고 분명해진다.
선명한 잎을 지닌 둥글레는 잎 자체가 포도송이처럼 달려 있어 초록색이
지만 잎만으로도 형태미가 또렷하게 나타난다. 고사리류인 관중의 경우
도 커다란 잎이 가늘게 쪼개지면서 전체를 무겁지 않게 만들어주면서
화단에 볼륨감을 더한다. 호스타의 경우는 잎이 매우 크기 때문에
이왕이면 잎 전체에 흰색 혹은 노란색 등의 줄무늬가 있는 재배종을
선택하면 좀 더 화단이 가볍고 산뜻해 보인다.
그늘에 강한 식물군은 자칫 무겁고 둔탁해 보이는 단점이 발생할 수
있기 때문에 잎의 색상을 지나치게 초록색만으로 조합시키는 디자인은
특별한 의도가 없는 한 피하는 것이 좋다.

그늘에 강한 식물을 이용한
짙은 자주, 파랑, 흰색의 조합

하이라이트 시기 : 5월~6월

그림의 왼쪽부터 시계방향으로 브룬네라, 아스틸베(노루오줌), 이리스
(붓꽃), 은방울꽃, 빈카(보라색 꽃), 카마시아(야생 히야신스, 보라색 꽃)의
조합이다. 그늘에 강한 식물들로 습기가 많은 환경에 적합하다.
브룬네라는 독특한 잎맥 무늬가 있는 게 특징이고, 아스틸베는 단풍잎을
닮은 잎이 촘촘하고, 잎 안에 초록과 함께 붉은색 기운이 들어 있어
보색대비가 강하다. 붓꽃은 보라색, 파란색, 흰색, 노란색 꽃을 피워
선택의 폭이 넓다. 단, 꽃은 일주일 이상 지속되지 않는다. 대신 칼처럼
뾰족하게 솟은 잎이 정원에 아주 오랫동안 머물러준다. 붓꽃은 잎에
흰색 줄무늬가 있는 품종을 선택하면 꽃이 없는 시기에도 잎이 주는
매력을 즐길 수 있다. 또 은방울꽃은 흰색 종 모양의 꽃이 필 때(4월 중순경)
하이라이트 시기를 볼 수 있고, 더불어 잎에 짙은 청색이 들어간 품종을
선택하면 푸른빛이 감도는 화단을 연출할 수 있다. 그늘에 강한
식물군은 화려한 꽃을 피우지는 않지만 잎과 수수한 형태의 꽃을 활용해
고급스럽고 신비로운 분위기를 연출할 수 있다.

파랑, 하양, 연한 분홍,
진한 자주색의 식물 조합

그림의 왼쪽부터 시계방향으로 다이안투스(패랭이), 프록스(흰색 꽃),
스타키스(램즈이어), 헤우케라(휴케라, 보라색 잎), 알리숨(보라색 꽃)의
조합이다.
키가 크게 치솟는 재배종 프록스의 흰 꽃이 가장 눈에 띄는 하이라이트
가 돼주고, 여기에 중간 키의 밤송이를 닮은 다이안투스가 차분하면서도
화려한 느낌을 준다. 여기에 식물 전체가 흰 털로 뒤덮여 있는
램즈이어는 전체 색을 그레이, 화이트 톤으로 잡아주는 중요한 역할을
한다. 여기에 연보라색의 알리숨은 바닥 지면을 낮게 덮어주는 효과를
내면서 수개월 동안 꽃을 피워주기 때문에 지속성이 있는 램즈이어와
짝을 이뤄 화단의 색을 지켜준다.
진한 자주색의 헤우케라는 솟구치는 형태는 아니지만 폭이 넓게 화단에
자리를 잡으면서 짙은 자주색으로 깊이를 더해 좋은 배경색이
되어준다. 각각의 식물을 5~6포기씩 묶어서 심어주는 것도 좋고, 낱개로
전체 식물을 섞어서 한 묶음을 만든 뒤에 화단에 반복시켜 심는 것도
좋다. 이 조합의 식물들은 모두 형태가 덩어리지지 않고 흩어져
피어나면서 날씬한 형태여서 촘촘하게 밀식해야 더욱 효과가 뚜렷하다.

갈대식물의 가늘고 고은 질감과 데이지 형태의 꽃을 피우는 화려한 식물의 조합

하이라이트 시기 : 7월~8월

그림의 왼쪽부터 시계방향으로 억새, 동자꽃, 수크령, 꼬리풀,
에키나체아, 라벤더의 조합이다. 화려한 데이지 형태의 꽃을 피우는
에키나체아와 매우 밝은 분홍색 동자꽃은 이 조합에서 하이라이트
역할을 한다.
그러나 이 식물들로만 채워졌을 경우, 에키나체아와 동자꽃의 지나치게
뚜렷한 형태가 오히려 자연스러운 연출을 방해하는 요인이 될 수 있다.
그래서 여기에 억새와 수크령과 같은 갈대식물이 혼합되면 가늘고 곱게
솟은 잎과 열매인 이삭이 에키나체아와 동자꽃의 선명함을 다소
부드럽게 만들어준다. 그리고 마치 배경처럼 배초향과 꼬리풀의 보라색
꽃이 붓터치를 하듯 산발적으로 나타나면 화단에 조금 더 생태적인
느낌과 자연스러운 미가 더해진다.
이 구성의 경우 억새의 키가 상당히 크기 때문에 다른 식물을 지나치게
가리거나 덮지 않도록 뒤쪽에 위치시키거나 하단의 가장자리나 중심에
심어 다른 식물과 공간적 거리를 확보하는 것이 필요하다.

주황, 노란색 꽃을
이용한 화려한 조합

~~~~~~~~~~

하이라이트 시기 : 7월~8월

그림의 왼쪽부터 시계방향으로 코레옵시스(금계국), 안티르히눔(금어초),
크니포피아(니포피아, 주황색 꽃), 헬리안투스, 은쑥, 게움(뱀무), 페스투카
(은사초)의 조합이다. 꽃의 색상이 노랑과 주황의 조합으로 보는
것만으로도 따뜻한 느낌이 강하다. 시기적으로도 한여름에 피어나는
식물 조합이기 때문에 뜨거운 여름 정원에 상당히 잘 어울린다.
또 형태적으로는 데이지 형태의 코레옵시스, 게움, 헬리안투스가
상공에서 태양처럼 화려하게 떠 있는 듯 보이기 때문에 길쭉하게
솟아오르는 안티르히눔, 크니포피아의 혼합이 화단을 좀 더 촘촘하고
위로 뻗어주는 시원한 느낌이 들게 한다. 그러나 이 조합의 경우, 지면을
덮어주는 하부 식재가 부족할 수 있기 때문에 은청색 은쑥이나 은사초를
보강하면 좀 더 부드러우면서도 지면까지도 덮어주는 기능을 확보할 수
있다.

짙은 자주 바탕의
보라색 정원

〰〰〰〰〰〰〰

하이라이트 시기 : 8월

그림의 왼쪽부터 시계방향으로 달리아(진한 자주색 꽃), 리아트리스
(보라색 꽃), 탈릭트룸(금꿩의다리), 리시마키아, 오피오포곤(검자주색
사초)의 조합이다. 한여름에 꽃을 피우는 식물들은 키가 크고 풍성하다.
하지만 이 시기에 장미와 태풍 등의 비바람이 요인이 빈번하기 때문에
큰 키와 꽃의 무게를 이기지 못하고 휘청이는 경우가 많다. 그래서 최근
개발되고 있는 대부분의 여름 꽃은 키를 줄이는 품종이 활발히 개발되고
있다. 그러나 키가 큰 것 역시 볼륨을 만들어주는 역할을 하기 때문에
키가 작은 종을 쓰지 않더라도 큰 키를 잘 잡아줄 수 있는 지지대를
잘 설치해주면 아름답고 볼륨 있는 여름 화단 연출이 가능하다.
자줏빛이 들어간 짙은 붉은색 달리아, 풍성한 빗자루 형태의 보라색
꽃을 피우는 리아트리스, 풍성한 분홍의 안개꽃처럼 꽃을 피우는
탈릭트룸, 자주색의 꼬리풀인 리시마키아, 지면을 덮어주는 짙은
자주색(검은색에 가까운)의 사초인 오피오포곤이 조합되어 여름 화단의
깊이 있는 색과 형태를 연출한다. 특히 지면을 덮어주는 역할을 해주는
자주색의 오피오포곤은 무리지어 밀식해 심어주어야 전체적인 배경을
잡아줄 수 있다. 나머지 식물들은 키가 큰 하이라이트 식물로 무리짓기
보다는 낱개로 흩어지듯 혼합하여 쓰면 더욱 효과적이다.

갈대식물을 이용한
가늘고 고은 잎 질감의 조합

하이라이트 시기 : 8월~9월

그림의 왼쪽부터 시계방향으로 보리 사초, 칼리스테푸스(과꽃), 억새, 크로코스미아(주황색 꽃), 베르베나 보나리안시스(마편초)의 조합이다. 늦여름으로 접어들면서 정원은 꽃을 피우는 식물도 줄어들고, 봄부터 자외선과 비바람에 지친 잎도 상처가 가득해진다. 그러나 조금 늦게 잎을 틔우고, 뒤늦게 꽃을 피우는 식물이 등장하면서 정원이 매우 달라질 수 있는 때이기도 하다. 갈대식물은 이제 막 이삭을 맺기 시작하고, 초록색 잎이 황금색으로 변해간다. 보리 모양의 이삭을 맺는 보리 사초는 늦여름부터 보리 모양의 이삭을 맺어 독특한 형태의 아름다움을 만들어낸다. 여기에 보라색의 우산 모양 꽃을 피우는 키가 큰 베르베나 보나리안시스는 높게 솟아올라 보라색을 흩뿌리듯 장식하고, 진하고 선명한 주황색 트럼펫 모양의 꽃을 피우는 크로코스미아는 색의 하이라이트가 돼준다. 또 일년생이지만 서리가 내리기 전까지 지속적으로 꽃을 피워주는 보라색 과꽃과 자연스러운 느낌을 강조해주는 억새가 조합되면서 봄, 여름 화단과는 매우 다른 분위기가 연출된다. 단, 갈대가 너무 과도하게 많이 쓰였을 경우에는 화단이 자칫 무거워지고, 무성해 보일 수 있기 때문에 지나쳐 보이지 않을 정도로 양을 조절하여 쓰는 것이 필요하다.

주황, 노랑의 색상이 화려한
꽃을 이용한 여름 식물 조합

하이라이트 시기 : 8월~9월

여름철에는 우리나라에서도 온대성 기후 지역에서 자라는 자생식물은
아니지만 아열대 자생의 식물이 일시적으로 잘 자라준다. 이런 특징을
이용해 온대성 기후에서도 이국적인 분위기의 열대 식물 화단을
만드는 경우가 많다.
그림의 왼쪽부터 반시계방향으로 식물 전체 크기에 비해 큰 트럼펫
모양의 꽃을 피우는 니코티아나는 여름 화단을 화려하게 만드는
대표적인 식물 중에 하나다. 그 밑으로 큰 키에 우산 형태의 꽃을 피우는
앙겔리카(당귀)와 진하고 화려한 색의 꽃(주황색, 빨간색)과 잎(자주+
초록색)을 지닌 칸나, 별 모양의 자주색 잎을 지닌 리치누스(아주까리)의
조합은 키만 해도 2m를 넘기는 매우 풍성하고 화려한 식물 구성이다.
여기에 데이지 형태의 샛노란 꽃을 피워주는 루드베키아의 조합까지
더해지면 색은 물론 형태적으로도 압도적인 불륨이 생긴다.
열대 식물 화단은 여름철 뜨거운 태양과 잘 어우러지게 화려한 색상으로
연출을 하는 것이 중요하다. 그러나 최근에는 칸나와 같이 잎이 큰 열대
식물의 잎을 좀 더 진하면서도 여러 색이 혼합되거나 특별한 줄무늬가
생기도록 개발하고 있어, 잎이 화려한 식물을 고르는 것도 요령이다.

초가을 국화과 식물을 이용한
수수한 식물 조합

하이라이트 시기 : 9월~10월

그림의 왼쪽부터 시계방향으로 구절초, 층꽃나무, 캐모마일, 아스테르,
백묘국, 수호초 그리고 가운데 커리플랜트의 조합이다. 가을에 꽃을
피우는 들국화와 재배국화는 겨울이 오기 전까지 화단을 아름답게
연출해주는 중요한 하이라이트 식물이다. 그림에는 빠져 있지만 보라색
데이지 형태의 꽃을 피우는 쑥부쟁이, 벌개미취를 포함시키는 것도
가능하다. 캐모마일은 데이지 형태의 꽃이지만 크기가 작아 구름 모양을
형성해서 화단을 좀 더 내추럴하게 만들어준다. 아스테르는 별 모양의
보라색 꽃으로 구절초와 캐모마일의 흰색과 부드러운 조화를
만들어주고, 백묘국의 흰색 잎과 줄기는 화단을 부드럽게 만들어준다.
수호초의 초록은 백묘국과 매우 다른 진한 초록색이기 때문에 두 식물이
하부 식물로 혼합되었을 때 강렬한 대비를 만들어낼 수 있다. 구절초가
자칫 늘어질 수 있기 때문에 초여름에 줄기를 과감하게 잘라주어 키를
낮춰주는 것도 화단을 좀 더 균형 있고 정갈하게 연출할 수 있는 방법이다.

6

Plant
Identification

초본식물 하나하나의 과학적 공부를 통해
식물 디자인이 가능하다

미적 관점이든, 자생적 관점이든 식물 디자인을 위해서는 개별적인 식물 자체의 과학적 공부가 우선 되어야 한다. 이 공부를 '플랜트 아이덴티피케이션(Plant Identification)'이라고 한다. 식물의 자생지, 성장주기, 꽃을 피우는 시기, 성장속도, 잎의 특징, 키 등 생태적 정보를 파악한 후에 서로 조합 가능한 식물군을 찾고, 이 식물군을 다시 특별한 형태, 색상, 스타일을 통해 조합하여 식물을 통한 '식물 디자인 예술'을 구사할 수 있기 때문이다.

Plant Identification Sketchbook

나만의 정원 식물 스케치북 만들기

식물을 간단하고 특징 있게 스케치하기

세밀화를 그릴 필요는 없다. 우리가 식물 디자인을 위해 식물을 그리는
것은 식물 하나하나를 잘 기억하기 위해서다. 물론 그림을 세세히 잘
그려내면 보기에 좋고 오래 기억하는 데도 도움이 될 수 있겠지만,
중요한 것은 내가 이 식물을 정원에서 어떤 용도로 쓸 것인지,
어떤 부분에 매력 포인트가 있는지, 무엇을 기억해야 하는지를 살려서
간단하고 특징 있게 그리는 것이다.

식물의 공식 이름을 사용하자

식물의 이름을 제대로 아는 것은 식물에 대한 정확한 정보를 얻는
유일한 방법이다. 그러므로 잘 기억해두는 게 좋다. 하지만 식물의
전 세계 공통 이름인 학명은 라틴어로 쓰여 있어 복잡해 보이고 읽기도
쉽지 않다. 엄밀한 라틴어 발음에 신경쓰기보다 중요한 것은 식물의
이름을 소리나는 대로 기억하는 방법을 찾는 것이다. 물론 식물을 쉽게
기억하려면 우리가 평소 부르는 이름을 적어놓고 함께 보는 것도 요령이다.

선호하는 '품종'은 메모하여 기억하자

재배식물은 품종에 따라 천차만별로 색상, 형태가 다르다.
그 품종을 다 기억하는 건 불가능한 일이고 그럴 필요도 없다.
시중에서 팔고 있는 품종 중에서 본 것이 있거나 원예 카탈로그,
인터넷 등에서 보게 된 품종 중에 맘에 드는 것이 있다면 메모가

필요하다. 이것만 잘 기억해도 충분하다. 그리고 더 중요한 것은
구입하여 심어보고 경험해보는 것이다.

식물의 습성과 관리 요령 요약하기

식물 디자인은 식물이 스스로 잘 살아준다는 전제하에 이루어진다.
그러려면 어떤 조건을 좋아하는 식물인지에 대한 정보를 잘 숙지하는
것이 필요하다. 그늘을 좋아하는지, 햇볕을 좋아하는지, 마른땅을
좋아하는지, 습기가 있는 땅을 좋아하는지 등의 생태 조건을 잘
기억해야 비슷한 식물군을 찾아 조합이 가능해진다.

어떤 색과 형태의
꽃과 잎을
지녔을까?

이름이 뭘까?

언제 피어날까?

어떤 품종을
선택할까?

키는 얼마나
자랄까?

언제 사서
심어야 할까?

어떤 식물과 함께
섞으면 예쁠까?

어떤 환경을
좋아할까?

Scientific plant name

식물의 이름 속에 담긴 비밀

'속'만이라도 외워두자
식물의 이름은 크게 속(屬, Genus)과 종(種, Speices)으로 구성된다.
속은 성에 해당하고, 종은 이름이다. 때문에 속은 광범위하게 많은 종을
거느리고 있다. 종까지 다 외우는 것이 힘들다면 속만이라도 알아야 한다.
적어도 속이 같다면 유전적으로 '한통속'이라고 봐도 좋기 때문이다.

식물 이름 쓰는 방법이 정해져 있다
국제적으로 과학계는 속과 종을 이탤릭으로 뉘여서 쓰고,
속은 첫 단어만 대문자로, 종은 모두 소문자로 쓰도록 합의했다.
알고 있다면 지켜서 써주어야 제대로 된 식물 이름이 정착될 수 있다.

작은 따옴표의 의미
속과 종으로 조합된 이름에서 끝난다면 자연상태에서 스스로 자라는
식물이라고 볼 수 있다. 그런데 그 뒤에 작은따옴표와 함께 이름이
또 하나 등장하면 이게 바로 인간에 의해 재배된 '재배종(원예종)'이라는
뜻이다. *Dicentra Spectabilis* 'Gold Heart' 중 'Gold Heart'는
식물의 특징을 그대로 보여준다. 잎이 유난히 노란색을 띠고 있고,
꽃 속의 꽃심도 매우 노랗기 때문이다. 보통 재배종의 이름은 식물의
특징으로 붙여지기 때문에 식물을 파악하는 중요한 열쇠가 된다.

과학적으로는 '디첸트라(*Dicentra*)'이지만 우리나라에서는 '금낭화'로
불린다. 금주머니를 달고 있는 듯한 꽃의 모습에서 만들어진 이름이다.
우리나라에서 불리는 이름은 우리의 풍습, 정서, 지역성을 담고 있어
매우 소중하다. 다만 원예적으로 어떤 식물이고, 어떻게 키워야 하는지
등의 정보와 지식을 얻어야 한다면 반드시 전 세계 공통 이름인
'과학적 학명'을 알아야 한다.

Dicentra spectabilis **'Gold Heart'**

Plant Identification

A

식물의 이름은 속(屬, genus)의 알파벳 순서에 따름.
속은 사람 이름의 성(姓)에 해당하는 것으로
속이 같을 경우, 유전적으로 매우 유사한 특성을 갖는다.

Achillea

Adonis

Agapanthus

Agastache

Ageratum

Ajuga

Alcea

Allium

Alyssum

Androsace

Anemone

Anethum

Angelica

Angelonia

Antirrhinum

Aquilegia

Artemisia

Aster

Astilbe

Achillea
아킬레아

온대성 기후의 아시아, 유럽, 아메리카에서 자생하는 식물군이다.
학명 *Achillea*는 그리스 로마 신화 속 전쟁의 신 '아킬레스'에서 유래된 것으로
실제로 전쟁에서 상처를 입은 병사들에게 이 식물의 즙을 내어 치료제로
썼다고 전해진다. 다년생으로 해를 거듭해 나와준다. 우리나라에서는 잎의
모양이 톱니바퀴의 날처럼 생겼다고 해서 '톱풀'이라는 이름으로도 불린다.
자연상태에서 자라는 야생 톱풀은 *A. millefolium*으로 우리나라 정원에서는
6~7월에 꽃을 피운다.

식물 디자인 요령
키는 30~50cm 정도로 자란다. 꽃은 우산처럼 펼쳐진다. 가늘고 마른
잎에 비해 꽃이 풍성하고, 마치 우산살을 펼친 듯 꽃이 피어나
흰 꽃이 흩날리듯 보인다. 이런 특징 때문에 진한 색감의 꽃을 피우는
식물과 함께 심으면 조화롭다.

· **추천 혼합 식물**: 글라디올러스, 델피니움, 크니포피아, 억새,
  수크령을 함께 심어 화려한 여름 화단 연출이 가능하다.
· **추천 재배종**: *A. millefolium* 'Apple Blossom'(분홍색 꽃),
  A. filipendulina 'Gold'(노란색 꽃), *A. filipendula* 'Papprika'(빨간색 꽃)

Adonis
아도니스

눈 속에서도 꽃을 피울 정도로 이른 봄에 나타난다. 그러나 눈 속에 꽃을
피운다고 해서 겨울 추위에 매우 강하다는 뜻은 아니다. 우리나라 기후는
비교적 잘 견뎌주지만 극심한 추위가 있는 곳에서는 자생하지 않는다.
우리나라에서 '복수초'로 불리는 식물은 A. amurensis 종으로 맑고 깨끗한
노란색 꽃을 피운다. 유럽종인 A. annua는 늦가을에 붉은색 꽃을 피워서
'아도니스 오텀(Autumn)'으로 불리기도 한다. 수종에 따라서 일년생, 다년생의
생명주기를 갖는다. 그러나 다년생이라고 해도 에델바이스와 마찬가지로 짧은
다년의 생을 산다. 꽃을 피우는 시기는 2월 말~3월 중순이다.

식물 디자인 요령

아도니스는 10~50cm에 이르는 작은 키의 식물이다. 바짝 땅에
붙어서 잎과 꽃을 피운다. 밝은 노란색의 꽃이 매우 눈길을
잡아끌지만 가늘고 곱게 퍼져 있는 잎 자체도 땅을 덮어주는 효과는
물론, 주변 식물의 부드러운 배경이 되어준다. 아도니스는 무리지어
심는 편이 좋고, 다른 식물과 혼합하여 함께 심어주면 좀 더
화려하고 종합적인 화단 구성이 가능하다.

· **추천 혼합 식물**: 튤립(노란색 혹은 흰색 꽃), 팬지(노란색 꽃), 봄맞이
(흰색 꽃) 등을 혼합하면 이른봄에 화사한 화단 디자인이 가능하다.
· **추천 재배종**: A. vernalis (크고 밝은 노란색 꽃),
A. amurensis 'Fukujukai' (후쿠주카이, 땅에 바짝 붙어서 꽃을 피운다),
A. annua (늦여름에 빨간색 꽃을 피운다)

Agapanthus
아가판투스

유럽에서는 '나일의 백합' 혹은 '아프리칸 릴리'로 불린다. 짐바브웨 주변의
남아프리카에 자생하는 다년생 식물이지만 지금은 호주, 멕시코, 영국으로 번져
자생식물로 발견되기도 한다. 온대성 기후에서 자라긴 하지만 워낙 남반구
식물인 데다 아프리카에 자생지를 두고 있어, 추위에 약하다. 때문에 우리나라
에서는 다년생이지만 월동이 어려워 일년생처럼 화단에 이용한다. 미국에서
재배종이 매우 많이 개발되어 흰색 꽃뿐만 아니라 분홍색, 빨강색, 자주색까지
다양하게 찾아볼 수 있다. 튤립, 백합과 같은 외떡잎식물군으로 가늘고 길쭉한
잎을 지니고 있다. 7월에 꽃을 피우는 여름 식물이다.

식물 디자인 요령

키는 30~90cm에 이를 정도 다양하다. 꽃은 공 모양으로 빽빽하게
구성된 재배종도 많지만 우산살이 퍼지듯 흩어져 꽃을 피우는
재배종도 많다. 아가판투스는 잎이 비교적 하부에 풍성하기 때문에
별도의 하부 식물 없이 키와 꽃의 색감이 다른 여러 재배종을 함께
심어 여름 화단을 디자인하는 것도 좋은 방법이다.

- **추천 혼합 식물**: 크로코스미아(주황색 꽃), 크니포피아(주황색 꽃),
  아킬레아(흰색 꽃)을 혼합하면 키가 크면서도 날씬하고
  호리호리한 식물 디자인 연출이 가능하다.
- **추천 재배종**: *A.* 'Brilliant Blue'(파란색 꽃, 키는 90cm), *A.* 'Margaret'
  (연보라색 꽃, 키는 60cm), *A.* 'Midnight Star'(흰색 꽃, 키는 60cm),
  A. 'Tornado'(파랑+보라색 꽃, 키는 80cm)

Agastache
아가스타케

비교적 추운 온대성 기후에서 자생하는 다년생 초본식물군이다. 북아메리카에 자생지를 두고 있는데 한국에도 자생지를 둔 종을 '배초향(*Agastache rugosa*)' 이라 부른다. 영어권에서는 '히숍(Hyssops)'이라 하며 요리의 향신료로 많이 활용된다. 아가스타케는 꼬리 모양의 꽃이 핀다. 가뭄에 강하기 때문에 물주기가 비교적 쉬운 편이고 각박한 땅에서 잘 자라주어 자생력이 뛰어나다. 단, 햇볕을 많이 받아야 하기 때문에 양지바른 화단에 심어주는 것이 좋다. 꽃이 피는 시기는 6~8월로 여름 화단에 적합하다.

식물 디자인 요령
키는 0.5~3m에 이를 정도로 매우 크게도 자란다. 꽃의 모양이 꼬리풀과 매우 흡사해서 이와 유사한 식물과 함께 심으면 질감의 표현이 잘될 수 있다. 한국 자생인 배초향의 꽃은 보라색이지만 품종에 따라 흰색, 분홍색, 파란색, 보라색 등이 있어 선택이 가능하다. 잎의 모양이 민트 타입으로 가장자리에 톱니가 있고, 밀도가 촘촘한 편이어서 지면을 덮어주는 효과도 있다.

· **추천 혼합 식물**: 억새(잎의 고은 질감), 라벤더(보라색 꽃), 베로니카 (꼬리풀의 비슷한 형태)를 함께 심어 초원풍 내추럴 화단 조성이 가능하다.
· **추천 재배종**: *A.* 'Blue Fortune'(촘촘한 보라색 꽃), *A.* 'Cotton Candy' (흰색 꽃)

Ageratum
아게라툼

따뜻한 기후에서 자생하는 열대 초본식물군이다. 일년생도 있지만 다년생
관목형으로 자라는 아게라툼도 있다. 관상용으로 가장 많이 쓰이는 종은
*A. houstonianum*이다. 아게라툼은 솜털을 모은 듯한 푸른색의 꽃을 피우는
식물로 관상 효과가 매우 뛰어나다. 씨앗을 심어도 잘 발아되어 땅에 직접
뿌려도 좋다. 그러나 열대 식물인 까닭에 우리나라에서는 다년생 종을 써도
월동이 어렵다. 매년 씨를 뿌리거나 모종으로 구입해 심는 것이 좋다.
꽃을 피우는 시기가 5월부터 초가을까지 지속되기 때문에 화단을 오랫동안
지켜주는 식물이다.

식물 디자인 요령

키는 20~30cm로 자란다. 솜방울처럼 가늘게 뭉쳐 있는 보라색
꽃은 하이라이트 식물이기도 하지만 무리지어 심으면 보라색
바탕이 되어준다. 꽃과 함께 넓고 큰 잎을 지니고 있어 땅을
덮어주는 역할도 가능하다. 사계절 화단 식물을 지켜주는 매우 좋은
관상식물 중 하나다.

· **추천 혼합 식물**: 루드베키아(노란색 꽃), 헬리안투스(노란색 꽃),
  당근(흰색 꽃), 달리아(진한 자주색 꽃)와 함께 심으면 보라와
  노랑의 보색대비가 선명한 색의 화단 연출이 가능하다.
· **추천 재배종**: *A.* 'Blue Danube'(푸른색의 꽃이 풍성), *A.* 'Horizon'
  (꽃잎이 가늘다) 등이 있다.

Ajuga
아유가(아주가)

유럽과 아시아의 온대성 기후 지역에서 자생하는 식물군이다. 꽃은 작게
피어나는데, 꽃보다는 잎을 관상하는 대표적인 식물이다. 잎의 색상이나
무늬를 개발시킨 품종이 많아 선택의 범위가 넓다. 아유가는 잎이 촘촘해
다른 식물의 바탕이 돼주는 식물로 가치가 높다. 아무리 하이라이트 식물이
빼어나도 흙이 그대로 드러나거나 하부에서 받쳐주는 식물이 없다면 아름다운
연출이 힘들다. 아유가는 이럴 때 아주 요긴하게 이용할 수 있는 식물군이다.
양지, 음지를 가리지 않고 대부분의 토양과 조건에서 잘 자라준다.
단, 다년생이지만 짧게 2~3년 정도만 산다.

식물 디자인 요령

잎에 어떤 특징이 있는지를 보고 선택하는 것이 좋다. 옅은 초록색,
흰색 줄무늬가 있는 품종, 짙은 자주색, 분홍색 줄무늬가 있는 품종
등으로 다양한 잎의 색을 선택할 수 있다. 바탕이 돼주는 식물이기
때문에 하이라이트 식물을 돋보이게 해주는 큰 역할을 한다.

- **추천 혼합 식물**: 무늬호스타(큰 잎을 이용한 디자인 활용), 튤립(흰색,
  분홍색, 주황색으로 보색대비 활용), 알리움, 꼬리풀과 함께 혼합하여
  봄의 화단 정원 연출이 가능하다.
- **추천 재배종**: *A. genevensis* 'Carpet Bugle'(자주색 촘촘한 잎),
  A. reptans 'Black Scallop'(짙은 검은빛이 감도는 자주색 잎),
  A. reptans 'Burgundy Glow'(진한 와인색 잎)

Alcea
알체아

아시아, 유럽의 온대성 기후에 자생하는 초본식물군이다. 일년생, 이년생,
다년생 등으로 성장주기가 다양하다. 2m에 달하는 큰 키를 가진 종이 많아서
주로 담이나 벽을 배경으로 심는 경우가 많다. 7~8월 여름 동안 끊임없이 꽃을
피워주는 대표적인 여름 식물이다. 유럽에서는 '신성한 맬로 열매'라는 뜻으로
'홀리혹스(holyhocks)'라고 부르고, 우리나라에서는 꽃의 모양을 따서
'접시꽃'으로 불린다. 다년생의 경우는 키를 좀 더 자라게 하기 위해 첫해에는
꽃을 피우지 않고 성장만 지속하는 경우가 많다. 촉촉한 땅을 좋아하기 때문에
건조한 곳에서는 꽃을 피우지 못하기도 한다.

식물 디자인 요령

키는 0.5~2m에 이른다. 호리한 형태로 키가 매우 크게 자라기
때문에 화단의 키를 높여줄 수 있는 좋은 식물이다. 특히 여름철
지속적으로 피어나는 꽃과 함께 하트 모양의 진한 초록색 잎이
대비를 잘 이뤄준다. 담장 밑에 다른 색의 꽃을 피우는 여러 품종의
알체아를 심는 것도 요령이지만, 알체아를 중심에 두고 다른 하부
초본식물을 다양하게 심어 연출하는 방법도 좋다.

- **추천 혼합 식물**: 델피니움(보라색 꽃), 샤스타데이지(흰색 꽃),
  당근(우산 형태의 흰색 꽃), 은쑥과 함께 혼합하여 여름철 담장 밑
  하단 연출이 가능하다.
- **추천 재배종**: *A. rosea* 'Double Apricot'(살구색 겹꽃), *A. ficifolia*
  'Yellow'(연한 노란색 꽃), *A.* 'Nigra'(검자주색 꽃)

Allium
알리움

::

파, 마늘, 양파 등이 속해 있는 그룹의 식물으로 전 세계 약 700여 종이
있다. 관상용으로 알리움을 수집하기 시작한 곳은 러시아로 알려져 있다.
추위에 워낙 강한 편이라 러시아에서도 자생이 가능하다. 대표적인
알뿌리식물로 낙엽이 질 무렵 땅속에 심어주면 된다. 최근 품종이 많이
개량되고 있어서 꽃의 크기, 색상 등이 매우 다양하다. 꽃이 피는 시기는
5~6월 초이고 건조함에 강하고 햇볕을 좋아한다.

식물 디자인 요령

키는 0.15~1m에 이를 정도로 품종에 따라서 매우 다양하다.
낱낱의 별 모양 꽃이 모여 공 모양으로 피어난다. 식물 자체 크기에
비해 엄청나게 큰 꽃을 피우는 식물이어서 화단에 하이라이트 역할을
톡톡히 해준다. 품종에 따라 꽃이 피면서 잎이 마르는 증상도 있기
때문에 하부를 뒷받침할 식물 구성이 꼭 필요하다.

- **추천 혼합 식물**: 아르테미시아(은쑥), 스타키스(램즈이어),
  알리숨(흰색 꽃) 등과 함께 심어 화이트 가든 연출이 가능하다.
- **추천 재배종**: *A.* 'Purple Sensation'(보라색 꽃), *A.* 'Globemaster'
  (짙은 보라색 꽃), *A.* 'Gladiator'(보라색 꽃), *A. sphaerocephalon*
  'Drumstick Allium'(꽃의 크기는 작지만 짙은 자주색으로 키가 커서
  다른 식물과 혼합했을 때, 효과가 매우 좋다)

Alyssum
알리숨

배추, 겨자와 유전적으로 비슷한 성질을 가진 식물군이다. 다년생과 관목 형태로 자라는 종도 있지만 정원에서 관상용으로 이용되는 대부분은 일년생 초본이다. 유럽, 아시아, 아프리카, 지중해 등의 광범위한 지역에서 자생하고 있지만 온대 기후보다는 따뜻한 난대 기후를 좋아한다. 특유의 향기가 있어 정원을 향기롭게 만들어준다. 식물의 키는 10~20cm 정도로 작다. 그러나 꽃이 마치 폭포처럼 흘러내리듯 피고, 잎이 촘촘해 지면을 덮어주는 식물로 그 역할이 매우 뛰어나다. 특히 5월부터 늦가을까지 쉼 없이 꽃을 피우며 정원을 지속적으로 지켜주는 식물이기도 하다.

식물 디자인 요령

아유가와 함께 지면을 덮어주어 다른 식물들의 바탕이 돼주는 중요한 식물 중에 하나다. 하지만 키가 작아 솟아오르는 힘이 없기 때문에 무리지어 넓은 면적에 알리숨을 바탕으로 쓰면서, 솟아오르는 하이라이트 식물을 조합하는 것이 좋다.

- **추천 혼합 식물**: 알리움, 크로코스미아, 튤립, 수선화, 델피니움, 디기탈리스 등 다른 하이라이트 식물과 혼합하여 가장자리 혹은 지면 덮기용 식물로 활용할 수 있다.
- **추천 재배종**: A. 'Violet Queen'(보라색 꽃), A. 'Easter Bonnet Lavender'(연분홍색 꽃), A. 'Snowdrift'(흰색 꽃)

Androsace
안드로사체

히말라야, 중앙아시아, 캅카스, 중앙유럽, 알프스 등 산악 지역에 자생하는
식물군이다. 우리나라에서 자생하는 종인 *A. umbellata*(키가 크고 하얀 꽃을
피움)는 이른봄에 피어난다고 해서 '봄맞이'라고도 불린다. 다년생도 있지
만 대부분 일년생으로 씨앗을 뿌려도 잘 발아된다. 안개꽃과 비슷해 보이지만
Gypsophila 속의 안개꽃과는 다르다.

식물 디자인 요령

키는 30cm 정도에 이르지만 꽃대가 매우 가늘게 올라와 꽃을
피우고, 잎은 대부분 지면과 바짝 붙어서 자란다. 때문에 흰색 꽃이
피어나면 마치 하얀 눈가루가 떠 있는 분위기가 연출된다. 때문에
다른 하이라이트 식물과 함께 심게 되면 부드러운 효과가 증대된다.
어떤 식물과도 잘 어울리기 때문에 배경 식물로 아주 유용하다.
특히 너른 지역에 씨를 뿌려서 집단적으로 발아되면 초원풍 연출이
가능하다.

- **추천 혼합 식물**: 튤립(다양한 색상 가능), 수선화(노란색, 흰색 꽃),
  수레국화(보라색 꽃) 등과 함께 흩뿌리듯 불규칙하게 심어주면
  화단 연출을 좀 더 자연스럽게 만들 수 있다. 씨앗을 전년도
  가을이나 초봄에 뿌려두어 봄에 다른 식물 틈에서 올라오게 하는
  것이 가장 자연스럽다.
- **추천 재배종**: *A. sempervioides*(분홍색 꽃), *A. lanuginosa*(연분홍색,
  흰색 꽃)

Anemone
아네모네

유럽, 아시아, 남아메리카 등 온대성 기후 지역에서 자생하는 다년생 초본식물
군이다. 학명 아네모네는 그리스어로 '바람꽃'이라는 의미가 있어 우리나라를
포함한 여러 나라에서 이 식물군을 바람꽃으로 부른다. 꽃잎이 워낙 섬세하고
부드러워 잔바람에 꽃잎을 열고, 떨어진다는 의미로 붙여진 이름이다.
A. hupehensis 'Hadspen Abundance' 품종은 아시아 자생의 아네모네를 품종
개량한 것으로 늦여름에 꽃을 피워 우리나라에서는 '추명국'이라는 이름으로도
불린다. 특히 아시아 종은 큰 나무가 있는 숲 속에서 잘 자라 습기가 있는
반그늘 상태를 좋아한다. 다년생으로 꽃이 피는 시기는 봄(5월), 늦여름(9월)
등으로 품종에 따라 다양하다.

식물 디자인 요령
잎이 무성하지 않고, 꽃대가 가늘게 낭창거리고 그 끝에 큰 꽃이
맺힌다. 원래 자생종은 대부분이 홑겹이지만 겹꽃 재배종도 많다.
특히 늦여름에 피는 품종은 꽃이 귀한 시절에 피어나기 때문에 가을
화단을 지켜주는 좋은 식물이 되어준다.

- **추천 혼합 식물**: 그늘에 강한 식물군인 고사리, 호스타, 아스틸베,
  빈카를 조합하면 분홍의 그늘 화단 연출이 가능하다.
- **추천 재배종**: A. coronaria 'De Caen Group'(진한 분홍색 꽃),
  A. coronaria 'Mr. Fokker'(보라색 꽃), A. coronaria 'Bordeaux'(진한
  와인색 꽃)

Anethum

아네툼(딜)

학명은 아네툼이지만 독일에서 유래된 '딜(Dill)'이라는 이름으로 전 세계에
알려진 식물이다. 딜과 아네툼 모두 그 뜻은 '향기 나는'이라는 의미다.
바로 이런 이유 때문에 차이브, 살비아 등과 함께 서양 요리에 가장 많이 쓰이는
향신 식물이기도 하다. 다년생 혹은 일년생으로 유럽, 아시아 지역에서
자생하고 있다. 땅에 직접 씨를 뿌려도 싹이 나올 만큼 생존력이 강하다.
더불어 일년생의 경우도 봄에 싹을 틔워서 늦가을 서리가 내릴 때까지
잎과 꽃이 성장한다. 꽃은 우산처럼 퍼지는 형태이고, 노란색으로 7~8월
한여름에 피어난다.

식물 디자인 요령

가늘고 곱고 풍성한 잎을 지니고 있어 키가 상당히 큰 편이지만
지면을 덮어주는 효과가 크다. 더불어 부드러운 질감의 효과로 다른
하이라이트 식물과 조합되었을 때, 그 식물을 더 돋보이게 해준다.

- **추천 혼합 식물**: 당근(같은 잎의 질감과 흰색 꽃), 칼렌둘라(주황색 꽃),
  에키나체아(분홍색 꽃), 헬리안투스(노란색 꽃)등과 함께 심어
  시원하면서도 키가 큰 여름 화단 연출이 가능하다.
- **추천 재배종**: *A.* 'Bouquet'(크고 우아한 노란색 꽃), *A.* 'Delikat'(은청색
  잎과 촘촘하면서도 두꺼운 잎)

Angelica
앙겔리카

북반부 온대성 기후에서 폭넓게 자생하는 다년생 초본식물군이다. 특유의 향과
효능으로 고대 문명 때부터 식용 및 약용으로 사용되었다. 학명 앙겔리카는
'천사'로부터 유래된 것으로 아즈텍 등의 고대 문명 속에서 오랫동안 약재로
사용된 흔적을 볼 수 있다. 우리나라에서는 '당귀'라는 이름으로 불리고
그 뿌리를 약재로 썼다. 따뜻한 기후 속 시원한 산악 지역에서 자라는 식물이라
건조함을 싫어하고 촉촉함을 좋아한다. 지푸라기 등으로 흙을 덮어 멀칭을
해주면 식물 성장에 큰 도움이 된다. 당근과 연관된 식물이라 한여름 매우
탐스럽고 큰 우산 형태의 비슷한 꽃을 피운다. 단, 꽃의 색감이 대부분
연두색이어서 두드러지지는 않는다.

식물 디자인 요령

초본식물이지만 키가 1~3m에 이를 정도로 매우 큰 편이다.
더불어 우산 형태의 꽃을 피우는 대부분의 식물이 잎이 가늘고
고은 질감인데 반해 앙겔리카는 뚜렷한 별 모양의 잎을 지니고 있어
잎 자체에 관상 효과가 있다. 진한 색의 꽃을 피우는 하이라이트
식물과 함께 심으면 효과가 좋다.

- **추천 혼합 식물**: 톱풀(흰색 꽃), 달리아(진한 빨간색 꽃), 살비아(보라색
  꽃) 등과 함께 심어 볼륨 있는 여름 화단 연출이 가능하다.
- **추천 재배종**: *A. archangelica*(연한 녹색의 꽃), *A. gigas*(식물 전체의
  형태미가 뛰어나고, 줄기와 꽃이 보라색) 등이 관상용으로 많이 쓰인다.

Angelonia
앙겔로니아

멕시코, 브라질 등의 남아메리카 대륙에서 자생하는 다년생 초본식물군이다.
따뜻한 온도를 좋아하기 때문에 우리나라에서는 다년생이라 할지라도 월동이
힘들어 대부분 일년생으로 키운다. 햇볕을 좋아해서 하루 6시간 정도의
빛 쐬임이 필요하다. 양지바른 화단에 심어주는 것이 요령이다. 품종별로
성격이 다르기는 하지만 앙겔로니아의 경우는 습도를 좋아해서 땅이 너무
마르지 않도록 여름에 물 관리가 필요하다. 포도송이처럼 줄기에 매달리는
꽃이 피는데, 개화기간이 길어서 여름 화단을 잘 지켜준다.

식물 디자인 요령

키는 40~50cm 정도의 중간 키로 화단의 중심을 잡아주는 역할을
한다. 꽃의 개화기간이 길기는 하지만 잔잔하게 피어나기 때문에
두드러지는 하이라이트 식물과 함께 심어 배경 역할을 하게 하는
것이 좋다. 꽃의 색상은 품종에 따라서 흰색, 분홍색, 짙은 자주색,
빨간색 등이 있다.

· **추천 혼합 식물**: 루드베키아(보색 노란색 꽃), 꼬리풀(보라색 꽃),
  칸나(굵고 특징 있는 잎과 꽃)와 함께 조합하여 키 큰 여름 화단
  조성이 가능하다.
· **추천 재배종**: 앙겔로니아의 품종은 대부분 *A. angustifolia*에서
  개량된 종이다. 꽃에 색상에 따라 선택할 수 있다. *A.* 'Archangel
  White'는 흰색 꽃이 풍성하고, *A.* 'Serena Purple'은 맑은 분홍색
  꽃을 피운다.

Antirrhinum
안티르히눔

꽃의 생긴 모양이 용을 닮았다 해서 영어권에서는 '드래곤 플라워(Dragon flower)'라고 부르고 우리나라에서는 '금어초'라는 이름으로 부르기도 한다. 유럽의 산악 지역이 자생지로 춥고, 건조한 환경 속에서도 잘 자라준다. 다년생도 있지만 대부분은 일년생으로 씨를 뿌려 재배가 가능하다. 노란색, 빨간색, 분홍색, 흰색으로 다양한 색의 꽃을 봄부터 여름까지 크고 탐스럽게 지속적으로 피워낸다.

식물 디자인 요령

키는 30~90cm 정도로 크다. 가늘고 긴 줄기에 연달아 매달려 피어나는 꽃은 수직으로 솟아올라 하이라이트 식물로 큰 가치를 지닌다. 또한 색감이 화려하기 때문에 다른 식물과 조합을 맞추게 되면 화려한 색의 연출이 가능해진다. 그러나 가늘고 호리호리한 형태이기 때문에 단독으로 쓰기보다 5~10포기를 무리지어 한 덩이로 보이게 심는 것이 좋다.

· **추천 혼합 식물**: 살비아(보라색 꽃), 펜스테몬(진한 분홍색 꽃)
· **추천 재배종**: *A. majus* 'Night and Day'(진한 자주색 꽃과 잎),
  A. majus 'Candy Showers Yellow'(연한 노란색 꽃),
  A. majus 'Admiral White'(맑고 투명한 흰색 꽃)

Aquilegia
아퀼레기아

전 세계 온대성 기후에 골고루 자생하는 식물군으로 다년생이다. 추위에
강한 편이라 우리나라 전역에서 별도의 월동 대책 없이 성장이 가능하다.
햇볕을 좋아하지만 반그늘 상태에서도 잘 성장한다. 학명 아퀼레기아는
'독수리(eagle)'란 뜻이고, 영어권에서는 콜롬바인(columbine)으로 불리는데
'비둘기'를 뜻한다. 우리나라에서는 꽃 끝에 생긴 뾰족한 모양에서 유추해
'매발톱'으로 불린다. 햇볕을 좋아하지만 반그늘에서도 잘 자라준다.
꽃을 피우는 시기는 6~7월이다.

식물 디자인 요령

키는 30~50cm에 이른다. 유럽의 자생종인 *A. vulgaris*에서 변형시킨
품종이 많다. 꽃의 색감은 짙은 보라색, 푸른색, 흰색, 혼합색 등으로
다양하고, 장미를 닮은 겹꽃도 있다. 꽃 자체가 두드러지는 편이
아니고, 개화기간도 비교적 짧다. 그러나 잎의 형태가 선명하고,
은청색을 띠고 있는 종이 많아서 화단에서 중간 배경 역할을
해주기에 좋다. 꽃을 피우게 되면 하이라이트 식물이 되고, 그렇지
않을 때에는 잎 자체로 화단을 풍성하게 만들어준다.

· **추천 혼합 식물**: 헤우케라(자주색 잎), 솔채(보라색 꽃), 호스타(흰색
  줄무늬 잎)와 함께 봄 화단 정원 연출이 가능하다.
· **추천 재배종**: *A.* 'Origami Red & White'(빨강과 흰색이 혼합된 겹꽃),
  A. chrysantha 'Yellow Queen'(노란색 낱엽한 꽃), *A.* 'Bluebird'(연보라
  +흰색의 꽃)

Artemisia
아르테미시아

쑥이 속해 있는 속의 식물군이다. 관상용으로 특화된 종인 *A. schmidtiana*는 특히 은빛이 도는 가늘고 촘촘한 잎을 지니고 있어 우리나라에서는 '은쑥'이라 부르고, 영어권에서는 품종명의 이름이기도 한 '실버 마운드(Silver mound)'라고 한다. 식물 전체의 형태가 돔으로 둥글게 모아져 소담하고 부드러운 느낌이 강하다. 산, 알칼리를 가리지 않고, 건조함에도 강하다. 다년생으로 해를 거듭해서 나와준다. 텃밭정원 혹은 은색의 잎을 바탕으로 한 식물 구성 화단에 잘 어울린다.

식물 디자인 요령

키가 크게 자라는 식물은 아니다. 다 자라 꽃이 피어도 30cm 정도에 달한다. 처음에는 동그랗게 모아지는 돔 형태가 반듯하지만 시간이 흘러 늦여름에 이르면 키가 자라면서 다소 늘어지는 증상이 생기기도 한다. 그러나 워낙 부드럽고 은은한 실버 느낌의 잎으로 다른 식물들의 밑바탕 역할을 잘해주기 때문에 관상 가치가 높다. 가뭄에 강해서 '암석정원'에도 쓰인다. 화단의 가장자리 식물로도 효과가 뛰어나다.

· **추천 혼합 식물**: 대부분의 하이라이트 식물을 돋보이게 하는 밑바탕이 잘 되어준다. 튤립(다양한 색상 가능), 수레국화(보라색 꽃), 양귀비(보라색, 빨간색 꽃), 리아트리스(보라색 꽃), 라벤더(보라색 꽃)와 조합하여 보라색의 화단 연출이 가능하다.
· **추천 재배종**: *A. schmidtiana* 'Silver Mound'

Aster
아스테르

유라시아의 추운 지역에서 자생하는 식물군이다. 종에 따라 일년생도 있지만
대부분은 다년생으로 해를 거듭해 나온다. 일부 종은 딱딱한 목대를 지니고
있어 관목 형태로 무성해지기도 한다. 전 세계 600여 종이 여기에 속해 있으나
북아메리카의 아스테르 식물군은 유전적 다른 점이 발견되어 최근 다른
속으로 바뀌었다. 학명 아스테르는 '별(star)'이라는 뜻으로 가늘고 고운 꽃의
모양이 마치 별처럼 생겼다는 의미로 붙여진 이름이다. 추위에 강한 편이고,
돌 틈 사이에서 자랄 정도로 가뭄에도 강하다. 꽃이 피는 시기는 9월 즈음으로
가을 꽃으로 분류된다. 우리나라에서는 소국, 감국, 쑥부쟁이, 구절초와 함께
대표적인 가을 꽃 식물이다.

식물 디자인 요령
보라색의 별 모양 꽃이 촘촘하게 피어나 낱낱으로 보라색 별처럼
보이지만 무리지어 큰 무더기가 되면 다시 거대한 보라 별처럼
보인다. 다른 식물과 혼합하여 심어도 좋고, 단독으로 무리지어
심어도 초가을 화단을 풍성하게 연출할 수 있다. 또 다양한 품종이
개발되어 키, 꽃의 색감, 모양이 다르기 때문에 여러 품종의
아스테르를 섞어 특화된 가을 화단을 구성할 수 있다.

- **추천 혼합 식물**: 백묘국(흰색 잎), 하설초(흰색 꽃), 펜스테몬(분홍색
  꽃), 안티르히눔(흰색 꽃)과 조합하여 늦여름부터 가을까지의 화단
  연출이 가능하다.
- **추천 재배종**: *A. amellus*(풍성한 보라색 꽃), *A.* 'Harrington's Pink'
  (작지만 풍성한 분홍색 꽃), *A. sedifolius* 'Nanus'(홑겹의 연분홍색 꽃)

Astilbe
아스틸베

온대성 기후 지역에 자생하는 초본식물군이다. 그늘을 좋아하는 대표적인
식물로 꽃은 한여름에 피어나지만 봄부터 싹을 틔운 고사리를 닮은 잎이
특징이다. 자생력이 뛰어난 식물이라 키우기가 특별히 까다롭지는 않지만
그늘에서 자생하는 까닭에 건조한 흙과 직사광선을 쐬면 잎이 타들어가는
증상을 겪게 된다. 하루 한두 시간의 일조량으로도 충분히 성장이 가능하다.
땅이 건조하지 않도록 습도를 유지해주는 것이 아스틸베를 가장 잘 키울 수
있는 조건이다. 우리나라에서는 꽃과 열매에서 나는 특유의 향 탓에
'노루오줌'이라는 별칭으로도 불린다.

식물 디자인 요령

키는 0.3~1m에 이른다. 품종이 다양하게 개량돼 있어 잎과 꽃의
색상을 화단의 특징에 맞게 잘 선택할 수 있다. 그늘에 강한 식물은
대체로 꽃이 약한 편인데 보라색, 흰색, 분홍색의 화려한 꽃을
피우기 때문에 그늘 화단 조성에 빠질 수 없는 식물이다. 또 꽃이
없는 시기에도 가늘고 고운 잎을 촘촘하게 피우고, 잎과 줄기에 붉은
기운이 돌아 잎 자체에도 특별한 볼거리가 있다.

· **추천 혼합 식물**: 헬레보루스(흰색, 분홍색 꽃), 호스타(줄무늬가 있는
  경우는 화단을 좀 더 가볍게 만들어준다), 수선화(크림색 꽃)와
  함께 조합하여 그늘에 강한 볼륨 있는 화단 연출이 가능하다.
· **추천 재배종**: A. 'Deutschland'(키가 작고, 이른 여름에 흰색 꽃을 피운다),
  A. 'Rheinland'(고운 잎과 연분홍색 꽃), A. 'Heart and Soul'(연보라색 꽃),
  A. 'Younique Carmine'(보라색 꽃)

B · C

식물의 이름은 속(屬, genus)의 알파벳 순서에 따름.
속은 사람 이름의 성(姓)에 해당하는 것으로
속이 같을 경우, 유전적으로 매우 유사한 특성을 갖는다.

Begonia

Brassica

Brunnera

Calendula

Callistephus

Camassia

Canna

Caryopteris

Celosia

Centaurea

Cerastium

Chamomile

Chasmanthium

Clematis

Cleome

Convallaria

Coreopsis

Crocus

Crocosmia

Begonia
베고니아

아열대, 열대 지방에 자생하는 식물군으로 동남아시아, 남아메리카, 아프리카 등에 서식하고 있다. 베고니아 속 안에 1,800여 종이 포함돼 있을 정도로 범위가 넓다. 잎이 넓적하고 크면서 마치 뾰족한 날개를 지닌 듯 보이는 베고니아를 '천사의 날개' 종이라고 부른다. 일년생 혹은 다년생으로 성장주기가 종에 따라 다르지만 다년생이라 할지라도 온대성 기후에서는 1년 안에 생존이 끝나기 때문에 일년생으로 정원에서 활용하는 경우가 많다. 잎과 꽃의 지속성이 좋기 때문에 바깥 화단에서 일년생으로 키우는 것도 좋은 방법이다.

식물 디자인 요령

꽃이 지속적으로 피어나서 꽃을 보는 용도로 주로 쓰이지만, 잎에 특별한 색깔과 무늬를 지닌 경우가 많아서 이 잎을 이용해 지면을 덮어주거나 다른 식물의 배경으로 사용하기 좋다. 특히 렉스베고니아는 자주색과 검은색, 흰색 무늬가 혼합돼 있어 잎 자체의 관상 효과도 뛰어나다.

· **추천 혼합 식물**: 헬리안투스(노란색 꽃), 체리세이지(분홍색 꽃), 헬레니움(노란색 꽃), 에키나체아(흰색, 분홍색 꽃)와 함께 심으면 분홍빛의 여름 화단 연출이 가능하다. 키가 작고 지면을 기어가며 덮어주는 효과가 있어서 화단 가장자리 식물로도 효과적이다.
· **추천 재배종**: *B.* 'Glory White'(잔잔한 흰색 꽃), *B.* 'Dragon Wing' (날개처럼 갈라지는 특징적인 잎), *B. bernariensis*(지속적으로 피는 분홍색 꽃)

Brassica
브라시카

Brassica oleracea 종은 우리가 먹는 배추, 겨자, 캐비지가 포함된 군으로
식용으로 아주 많이 재배된다. 지중해, 아시아, 서유럽에서 자생하는 종이 많다.
30여 종의 야생종이 있긴 하나, 그보다 훨씬 많은 재배종이 개발되었다.
그중에는 관상용으로 개발된 품종도 많아서 최근에는 정원 식물로도 인기를
끌고 있다. 흔히 영어권에서는 이 관상용 배추를 '플라워링 캐비지(Flowering
cabbage)'로도 부른다. 영양분을 많이 필요로 해서 햇볕이 잘 드는 곳을
선택하는 것이 좋다. 거의 대부분이 일년생으로, 땅에 직접 씨를 뿌려도 재배가
가능하다.

식물 디자인 요령
키는 크지 않지만 겹겹이 잎이 싸여 마치 장미꽃을 연상시킨다.
또 잎이긴 하지만 흰색, 분홍색, 보라색, 연두색 등의 다채로운
색상을 지니고 있어 색의 표현도 가능하다. 늦가을 배추꽃은
한겨울이 올 때까지 얼지 않고 유지되기 때문에 늦가을 화단에
중요한 식물이 되어준다. 겨울을 나고, 다음해 여름까지 살았을
경우, 꽃대를 올려서 노란색 꽃을 피울 수 있다.

- **추천 혼합 식물**: 보리(초록색 잎), 노란색이나 보라색 꽃과 함께
  심어 겨울 화단을 연출할 수 있다.
- **추천 재배종**: *B.* 'Color-up Pink'(가운데 분홍색과 가장자리 은청색 잎),
  B. 'Osaka Red'(분홍색과 보라색의 구불거리는 잎), *B.* 'Pigeon Red'
  (작은 잎송이. 안은 분홍색, 밝은 초록색), *B.* 'Pigeon White'(가운데
  흰색, 크림색, 연두색의 구불거리는 잎의 조합)

Brunnera
브룬네라

동유럽, 서아시아에서 자생하는 식물군이다. 숲 속 그늘진 곳에서 자라는 습성으로 건조한 땅에서는 잘 자라지 못한다. 작은 파란색의 꽃을 피우는데 그 형태가 물망초와 비슷해서 영어권에서는 '가짜 물망초(False forget-me-not)'라고도 한다. 다년생으로 해를 거듭해서 나와주며, 추위에 강해 온대성 기후 지역에서 잘 자란다. 브룬네라의 이름은 원래 '소의 혀'라는 뜻으로 잎과 잎맥의 모양을 따서 붙여진 이름이다. 은색을 띠는 잎, 잎맥에 특별한 색상과 무늬를 지닌 종이 많아서 잎을 이용한 디자인에 활용하기 좋다.

식물 디자인 요령

아스틸베, 호스타와 더불어 음지에서 잘 자라는 대표적인 식물로 짙은 초록색이나 은청색의 잎 위에 파란색 꽃을 피워 신비로운 색의 조합을 만들어낸다. 특히 은색이 많이 들어간 잎은 화이트 가든을 만드는 데도 잘 활용할 수 있다.

- **추천 혼합 식물**: 호스타, 아스틸베(분홍색, 흰색 꽃), 돌단풍, 둥글레와 함께 심어 그늘에 강한 화단 구성을 할 수 있다.
- **추천 재배종**: *B. macrophylla* 'Jack Frost'(흰색 무늬가 있는 잎), *B. macrophylla* 'Alexander's Great'(은청색 잎)

Calendula
칼렌둘라

동남아시아, 지중해 지역에 자생하는 일년생 혹은 다년생 초본식물군이다.
칼렌둘라라는 이름은 라틴어로 '작은 달력'이라는 뜻이기도 하다. 씨앗으로
발아가 매우 잘되는 식물이다. *Calendula officinalis* 종이 가장 널리 퍼져 있고,
일부 나라에서는 꽃을 말려 차로 마시기도 한다. 꽃의 개화기간이 매우 길다.
5월부터 서리가 내리는 초가을까지 지속적으로 꽃을 피운다. 텃밭작물을
지켜주는 식물로 잘 알려져 있어 텃밭정원에 팬지, 보리지, 한련화와 함께
심어서 화려한 연출이 가능하다.

식물 디자인 요령

키는 15~30cm에 이른다. 매우 다양한 재배종이 개발되어 있다.
원래는 주황색 꽃이 압도적으로 많지만, 연한 분홍색, 흰색, 노란색
등으로 다양하고, 꽃의 모양도 홑겹, 겹꽃 등으로 선택이 가능하다.
꽃의 볼륨이 매우 크고 지속성이 있기 때문에 하이라이트가 되는
식물이긴 하지만 바탕이 되어주기도 한다. 일년생이지만 적절하게
사용하면 오랜 시간 동안 화단을 화려하게 지켜주는 초본식물이
되어준다.

- **추천 혼합 식물**: 알리숨(흰색 꽃), 해바라기(노란색 꽃), 한련화(주황색,
  빨간색 꽃), 보리지(보라색 꽃), 라벤더와 함께 조합하여 정렬적인
  색감의 여름 화단 연출이 가능하다.
- **추천 재배종**: C. 'Pink Surprise'(밝은 분홍색 꽃), C. 'Bon Bon'(공 모양의
  주황색 꽃), C. 'Oopsy Daisy'(데이지 형태의 노란색 꽃)

Callistephus
칼리스테푸스

한국, 일본 등에서 자생하는 일년생 식물군이다. 우리나라에서는 '과꽃'이라고
불리는데 초여름부터 늦가을까지 꽃을 피운다. 주로 겹꽃의 형태로 꽃잎이
촘촘하다. 생존력이 매우 뛰어나서 조건을 잘 가리지 않고 잘 자란다. 씨를
뿌려도 발아가 매우 잘된다. 보통 6~8주 전에 씨앗을 심으면 꽃을 볼 수 있다.
개화시기를 지속시키기 위해서 2주 간격으로 씨앗을 심는 것도 좋은 방법이다.

식물 디자인 요령

키는 0.2~1m로 매우 다양하다. 꽃의 모양은 데이지 형태로 가운데
노란 중심부가 있고 주변으로 빽빽하게 꽃잎이 퍼져 있다. 색상은
보라색, 분홍색, 흰색 등으로 선택이 가능하다. 꽃을 피우는 기간이
길기 때문에 초가을 화단에 여름 식물이 시들어갈 때 좋은 효과를
볼 수 있다. 단독으로 심기보다는 그룹으로 무리지어 심어주는 것이
더 보기 좋다.

· **추천 혼합 식물**: 갈대류, 달리아(진한 빨간색, 자주색 꽃), 소국
  (짙은 자주색, 흰색 꽃)과 함께 조합하여 가을까지 즐겨볼 수
  있는 화단 디자인이 가능하다.
· **추천 재배종**: *C.* 'Robin Series' (투톤 컬러의 꽃, 키는 30cm),
  C. 'Milady Series' (50cm로 중간 키), *C.* 'Gala Series' (80cm로 가장 키가
  크다), *C.* 'Serenade' (키는 55cm, 꽃을 이른 여름에 피운다)

Camassia
카마시아

북아메리카 자생의 다년생 초본식물군이다. 영어권에서는 '와일드 히야신스'로도
불린다. 히야신스가 조형적인 꽃 모양을 지니고 있다면 카마시아는 훨씬 더
야생의 자연스러움이 돋보인다. 보라색, 청색, 연분홍색으로 꽃을 피운다.
온대성 기후에서 자생하는 식물이라 월동이 가능하지만 추위가 극심한
곳에서는 겨울 보온이 필요할 수 있다. 숲 속, 암석의 틈에서 잘 자라는
식물이라 그늘에 강한 편이다. 성장을 지속하고 있는 동안 물주기를
더 탐스럽고 아름다운 꽃을 지속적으로 피울 수 있다. 알뿌리는 튤립을 심는
시기와 비슷해서 낙엽이 지고 땅이 얼기 전 심어야 다음해 봄에 꽃을 피워준다.

식물 디자인 요령
키는 60~90cm 정도로 초본식물로서는 키가 큰 편이다. 히야신스와
같은 별 모양의 꽃을 포도송이처럼 피우지만 훨씬 더 내추럴한
느낌이 강하기 때문에 초원 분위기를 만드는 데 효과가 뛰어나다.
단독으로 심기보다는 무리지어 한꺼번에 심어주면 효과가 더 좋다.

- **추천 혼합 식물**: 안개꽃(흰색 꽃), 봄맞이(흰색 꽃), 튤립(진한 자주색
  꽃)과 함께 조합하면 봄 화단 연출이 가능하다.
- **추천 재배종**: C. 'Blue Heaven'(옅은 하늘색 꽃), C. 'Cusickii'(가늘고
  고운 꽃잎), C. leichtlinii 'Alba'(흰색 꽃), C. leichtlinii 'Blue Danube'
  (짙은 파란색 꽃)

Canna
칸나

열대 지방에서 자생하는 다년생 식물이다. 불과 10여 종만이 있을 정도로
상당히 적은 그룹의 식물군이다. 유전적으로는 생강, 바나나 나무와 비슷한
점이 많아 꽃과 잎의 모양이 상당히 흡사하다. 햇볕을 좋아해서 여름철에는
6~8시간 정도의 충분한 일조량이 확보되어야 성장이 원활하다. 한때 잉카
문명에서는 *C. indica* 종을 고구마처럼 뿌리를 먹기 위해 농사짓기도 했다.
열대 지방 식물이지만 산악 지형의 산자락에서 자라기 때문에 지나친 더위는
힘들어한다. 다년생이지만 뿌리의 온도가 10도 이하로 내려가면 살아남지
못해 월동이 힘들다.

식물 디자인 요령
키는 1~3m에 이를 정도로 초본식물로서는 매우 커서 나무와 같은
볼륨이 생겨난다. 때문에 화단의 중심을 잡아준다. 꽃은 노란색,
주황색, 빨간색, 자주색 등인데 꽃보다 크고 화려한 색상의 잎을
이용할 수 있다. 특히 최근 개발된 품종은 잎에 특별한 색의 무늬가
첨가돼 그 자체로도 아름답다.

- **추천 혼합 식물**: 호스타(하부 식물), 수크령(가늘 질감의 잎), 베르베나
  보나리안시스(마편초), 아주까리와 함께 구성하면 크고 시원한
  열대 화단 연출이 가능하다.
- **추천 재배종**: *C.* 'Golden Gate'(점박이 노란색 꽃, 초록에 주황색
  줄무늬 잎), *C.* 'Theresa Blakey'(주황색 꽃, 진한 자주색 잎에 줄무늬 잎),
  C. 'Striata'(빨간색 꽃, 초록에 주황색 줄무늬 잎)

Caryopteris
카리옵테리스

우리나라에서는 꽃의 망울이 층으로 피어나서 '층꽃나무'라고 불린다.
영어권에서는 파란 수염을 뜻하는 '블루 비어드(Blue beard)'란 별명도
있다. 다년생 초본식물이지만 목대가 굵어지고 풍성해지기 때문에 관목으로
분류되기도 한다. 유칼립투스와 비슷한 향기를 지니고 있다. 한국, 일본을
자생지로 두고 있어 우리나라 전역에서 잘 자라고 특히 가뭄에도 강한
편이어서 건조한 땅에서도 잘 자란다. 또 작은 보라색 꽃이 층층으로 모여
피면 나비들이 수분자로 모여들어 나비를 부르는 정원 식물로도 활용된다.

식물 디자인 요령
키는 0.6~1m 정도로 크게 자라고 시간이 흐르면 관목처럼
풍성해진다. 잎이 은청색인 품종은 특히 보라색과 조화를 이뤄
시원한 느낌의 색상 연출이 가능하다. 늦여름까지 꽃을 피워 여름
화단 디자인에 좋은 식물이다.

- **추천 혼합 식물**: 에키나체아(분홍색 꽃), 배초향(비슷한 분위기의
  보라색 꽃), 루드베키아(노란색 꽃)와 심으면 강렬한 보색대비가
  되는 여름 화단 연출이 가능하다.
- **추천 재배종**: *C.* 'Blue Mist'(늦가을까지 꽃을 피움), *C.* 'Snow Fairy'
  (흰색 꽃), *C. x calndonensis* 'Dark Knight'(진한 보라색 꽃), *C.* 'First
  Choice'(은색이 강한 잎)

Celosia
첼로시아

동아프리카 자생의 일년생 초본식물이다. 그러나 지금은 멕시코, 아시아, 유럽
등으로 지구 전역에 퍼져 있다. 식물학명 첼로시아는 '불탄다'는 의미로 꽃의
모양에서 유래되었다. 영어권에서는 '울 플라워(Wool flower)'로도 불린다.
우리나라에서는 유난히 곱슬거리는 꽃을 피우는 종을 '맨드라미'로 부른다.
일년생으로 씨앗으로도 발아가 잘된다. 아마란스와 같은 과에 있는 식물로
아즈텍 문명권에서는 잎을 먹는 채소로도 많이 길러진다. 가뭄에 강한 편이어서
물주기가 수월하다. 꽃이 피는 기간은 7~9월로 매우 긴 편이다.

식물 디자인 요령
키는 40~90cm에 이른다. 유난히 곱슬거리는 꽃이 많이 보급됐지만
최근 들어온 품종에는 불꽃처럼 단정한 형태도 많다. 정원에서는
오히려 이런 단정한 형태의 잎과 꽃을 지닌 품종을 이용하면
지나치게 도드라지지 않으면서 내추럴한 연출이 가능하다.

- **추천 혼합 식물**: 접시꽃(키가 크고 화사한 분홍색 꽃), 당근(우산 형태의
  흰색 꽃), 하설초(흰색 꽃)와 혼합하여 볼륨 있는 여름 화단 연출이
  가능하다.
- **추천 재배종**: *C. argentea*와 *C. cristata* 종에서 품종이 다양하게
  개발되었다. 불꽃 모양의 추천 품종은 *C.* 'Celway'(자주색 꽃),
  C. 'First Flame Mix'(진한 분홍색 꽃), *C.* 'Flamingo Feather'
  (연분홍색 꽃), *C.* 'Sol Lizard'(짙은 자주색 잎) 등이 있다.

Centaurea
쳰타우레아

지구의 북반구, 지중해와 동아시아에 자생하는 대표적인 초본식물군이다. 다년생도 있지만 대부분은 일년생으로 씨앗으로 재배 가능하다. 유럽에서는 옥수수밭에서 자생하는 잡초라는 의미로 '콘플라워(cornflower)'라고도 불렸다. 그러나 살충제, 제초제 등의 사용이 많아지면서 잡초처럼 자라는 일은 사라졌다. 우리나라에서는 '수레국화'라는 이름으로 불린다. 300~600종을 거느린 매우 큰 속의 식물이다. 가뭄에 강해 건조한 기후에서도 잘 자란다. 꽃은 6~8월에 지속적으로 피어난다.

식물 디자인 요령

키는 40~90cm 정도로 자란다. 식물의 형태가 하늘거리면서 분홍색, 보라색, 흰색의 작은 별과 같은 꽃을 피워 화단에 자연스러운 초원의 느낌을 만들어준다. *C. cynaus, C. montana* 종에서 다양한 품종이 만들어져 꽃과 잎의 형태 색상이 다양하다. 단독으로 쓰기보다는 화단 자체에 씨를 뿌려 다른 식물들 틈에서 흩뿌리듯 내추럴하게 올라오도록 연출하는 기법이 더욱 좋다.

· **추천 혼합 식물**: 루드베키아(보색대비의 노란색 꽃), 안개꽃(같은 내추럴 느낌의 흰색 꽃), 양귀비(붉은색 꽃)의 씨를 혼합하여 너른 평지에 뿌려 발아시키면 자연스러운 초원풍 화단 조성이 가능하다.
· **추천 재배종**: *C.* 'Jubilee Gem'(푸른색 풍성한 꽃), *C.* 'John Coutts' (분홍색 꽃), *C.* 'Rubra'(붉은 장미색 꽃)

Cerastium
체라스티움

일년생 혹은 다년생의 형태로 전 세계 약 200여 종이 포함된 초본식물군이다.
꽃의 생김이 작은 동물의 귀를 연상시켜 영어권에서는 '쥐의 귀(mouse-ear
chickweed)'라는 별명이 있다. 그중 관상용으로 정원에서 가장 많이 쓰이는
Cerastium tomentosum 종은 흰색 꽃과 잎이 마치 눈이 내린 듯 보인다는
의미로 '스노인섬머(snow-in-summer)'로 부르는데 우리나라에서 같은
뜻으로 '하설초'라 한다. 하설초는 다년생이지만 비교적 짧은 해를 산다.
햇볕을 좋아하고, 가뭄에 강한 편이라 암석정원에 활용이 가능하다. 꽃이
피는 시기는 7~9월로 지속적으로 피어난다.

식물 디자인 요령

가뭄에 강한 자갈정원을 구성한다면 하설초는 매우 좋은 식물군이다.
30cm 정도로 키가 자라서 하부 식물로 쓰인다. 꽃이 지속적으로
피어나기 때문에 화단을 지켜주는 좋은 지킴이 식물이다.

· **추천 혼합 식물**: 캄파눌라(종 모양의 흰색 꽃), 에우포르비아(설악초),
라벤더(보라색 꽃), 알리움(공 모양의 보라색 꽃)과 함께 심어 풍성한
자갈정원 연출이 가능하다.
· **추천 재배종**: *C.* 'Olympia'는 추위에 강하고 풍성한 흰색 꽃을
장시간 피워준다. *C.* 'Silver Carpet'은 가장 많이 알려진 품종으로
늦봄에서 여름까지 꽃을 피우고, *C.* 'Yo Yo'는 7~8월 풍성한 꽃을
피운다.

Chamomile
캐모마일

'캐모마일'이라는 이름은 공식적인 식물의 속명이 아니다. 차를 끓여 마실 수 있거나 의학용 재료가 되는 국화과의 식물 몇 종을 부르는 말이다. 사과 향기가 난다는 의미로 '땅(Chamai)'과 '사과(melon)'가 합성된 그리스어 Chamaimelon 에서 유래되었다. 캐모마일 중에서 가장 많이 알려진 두 종은 '독일 캐모마일 (*Matricaria chamomilla*)'과 '로마 캐모마일(*Chamaemelum nobile*)'이다. 두 종 모두 온대성 기후에서 자라는 대표적인 다년생 국화과의 식물이다. 추위에 강한 편이고 가뭄에도 잘 견딘다. 8월 말~10월에 꽃이 피는 늦여름 식물이다.

식물 디자인 요령

키는 40~90cm로 자란다. 독일 캐모마일이든, 로마 캐모마일이든 정형적인 흰색의 국화꽃을 피운다. 식용 및 약용으로 이용하지만 잎이 가늘면서도 고와서 늦여름, 가을 정원 연출에 아주 좋은 식물이다. 무리지어 심으면 초원 풍경을 일으킬 수 있다. 또한 화단에 배경이 되도록 심어주고 여기에 하이라이트 식물(루드베키아, 에키나체아, 크로코스미아 등)을 혼합시키는 방식도 좋다.

· **추천 혼합 식물**: 크로코스미아(주황색 꽃), 베르베나 보나리안시스 (보라색 꽃), 층꽃나무(보라색 꽃)를 함께 디자인하면 늦여름에 가을까지의 계절 화단 연출이 가능하다.
· **추천 재배종**: *Matricaria chamomilla*(German Chamomile), *Chamaemelum nobile*(Roman Chamomile)

Chasmanthium
카스만티움

카스만티움 중에서도 *C. latifolium* 종은 이삭의 생긴 모양이 납작한 보리를 닮았다고 해서 우리나라에서는 '납작보리 사초'로도 불린다. 북아메리카 들판에서 자생하고 있어 영어권에서 '와일드 오트(wild oat)'라고도 한다. 그늘을 좋아하는 편이고, 촉촉한 땅을 좋아하지만 물이 흥건한 곳에서는 잘 자라지 않는다. 다년생으로 해를 거듭해 나와주지만 가을에는 초록의 잎이 누렇게 변하면서 동면기에 접어든다. 다음해 이른봄에 발목 즈음의 높이로 잘라주면 매년 특별한 관리 없이도 스스로 잘 자란다.

식물 디자인 요령

키는 40~90cm 정도로 큰 편이다. 잎 자체에 줄무늬가 있는 품종도 있고, 잎 자체가 대나무의 잎처럼 풍성하기 때문에 잎을 이용한 디자인이 가능하다. 특히 담장 밑에 심어두면 벽과 대비되어 효과가 뚜렷하다. 또 늦여름에는 눌러놓은 보리 같은 이삭이 열리는데 매우 독특한 형태여서 꽃병에 꽂아 실내용 꽃꽂이로도 활용 가능하다.

· **추천 혼합 식물**: 세둠(분홍색 꽃), 디기탈리스(분홍색, 보라색 꽃), 에키나체아(분홍색 꽃)와 함께 심으면 내추럴 여름 화단 연출이 가능하다.
· **추천 재배종**: *C.* 'River Mist'(흰색 줄무늬 잎)

Cleome
클레오메

온대성 기후에서 자생하는 초본식물로 다년생도 있지만 정원에서는 대부분
일년생이 쓰인다. 영어권에서는 긴 더듬이 같은 꽃이 거미를 닮았다고 해서
'스파이더 플라워(Spider flower)'로 불리고 우리나라에서는 '풍접초' 혹은
'족두리꽃'이라고 부른다. 유전적으로는 배추 속 브라시카와 비슷해서 꽃이
상당히 비슷하다. 클레오메는 250여 종의 식물이 속해 있는 비교적 폭넓은
식물군이다. 햇볕을 좋아하기 때문에 양지바른 곳에 심어주는 것이 좋다.
여름부터 추위가 올 때까지 지속적으로 꽃을 피워주어 늦여름 화단을
지켜주는 좋은 식물이다. 씨앗으로도 발아가 가능하다.

식물 디자인 요령

키는 60~90cm 정도로 큰 편이다. 부드러운 줄기가 쭉 뻗어 큰 키를
세운다. 꽃의 모양이 독특하고 크다. 하지만 꽃 자체가 덩어리가
아니라 흩어져 있는 형상이라 다른 식물과 심었을 때 도드라지지
않게 잘 겹쳐진다. 하부의 잎이 약할 수 있기 때문에 잎이 풍성한
식물을 함께 심어주면 좀 더 단단한 연출이 가능하다.

· **추천 혼합 식물**: 세둠(분홍색 꽃), 베로니카(보라색 꼬리꽃), 수크령,
페투니아(분홍색 꽃), 은쑥을 조합하면 내추럴한 여름 화단 디자인이
가능하다.
· **추천 재배종**: *C.* 'Queen Series'(빨간색, 보라색, 흰색, 체리색 꽃),
C. hassleriana 'Sparkler Blush'(키가 작은 종으로 정원에 적합하고,
다양한 색상이 혼합된 꽃이 핀다)

Convallaria
콘발라리아

다소 추운 온대성 기후의 유럽에서 자생하는 다년생 초본식물군이다.
유럽 자생이지만 다양한 품종이 개발되어 여러 나라로 퍼지면서 온대성
기후 전 지역에서 잘 자라고 있다. 영어권에서는 '골짜기의 백합(Lily of Valley)'
이라는 별칭으로 불리고, 우리나라에서는 종 모양의 흰색 꽃에서 유래된 이름
'은방울꽃'으로 불린다. 숲 속에서 자생하기 때문에 그늘을 좋아한다. 작은 종
모양의 꽃은 관상 효과가 뛰어나지만 꽃보다는 넓게 쭉 뻗은 잎이 지면을
덮어주는 효과가 뛰어나 하부 식물로 가치가 높다.

식물 디자인 요령

키는 15~30cm 정도로 종아리 아래에 머문다. 꽃은 여름에 피지만
잎은 봄부터 나오기 때문에 지면을 덮어주는 배경 식물로 잘 활용할
수 있다. 은방울꽃은 키가 큰 편이 아니기 때문에 키가 크게
올라오는 하이라이트 식물을 함께 혼합하면 좀 더 다채로운 연출이
가능해진다. C. 'Albostriata'와 같이 잎에 흰색 줄무늬가 있는 종은
짙은 초록색이 아니어서 화단을 좀 더 부드럽고 밝게 만들어준다.

- **추천 혼합 식물**: 수선화(흰색 꽃), 카마시아(보라색 꽃), 빈카(초록색
  잎과 보라색 꽃), 아스틸베(분홍색, 흰색 꽃)와 혼합하여 그늘에 강한
  화단 연출이 가능하다.
- **추천 재배종**: C. majalis 'Rosea' (분홍색 꽃), C. majalis 'Bordeaux'
  (직립형 잎), C. majalis 'Albostriata' (흰색 줄무늬 잎)

Coreopsis
코레옵시스

북아메리카 자생의 다년생 혹은 일년생의 초본식물군이다. 꽃잎에 특유의
톱니 모양이 있고 홑꽃, 겹꽃으로 꽃의 형태가 다양하다. 가뭄에 강한 편이고,
여름부터 가을까지 지속적으로 꽃을 피워준다. 다년생을 선택할 수 있지만
일년생의 경우 씨앗에서 발아가 잘되고, 땅에 떨어져 다음해 스스로 다시
피어나는 자생력도 강하다. 우리나라에서는 '금계국'이라는 이름으로 불리기도
한다. 일년생의 경우는 들판에서 자생하며 잘 자란다. 꽃을 피우는 시기는
7~9월이다. 단, 지나치게 번질 수 있어 늦여름 씨앗이 너무 퍼트려지지 않게
꽃을 잘라주는 것도 좋다.

식물 디자인 요령

키는 0.4~1.2m에 이를 정도로 크다. 가늘고 낭창거리는 줄기 끝에
꽃이 피기 때문에 잔바람에도 출렁거리는 효과가 있다. 꽃잎은
대부분 노란색이지만 중심부에 특별한 색상(진한 밤색, 주황색, 노란색)
등의 무늬가 있기도 하다.

· **추천 혼합 식물**: 털수염풀, 수크령, 베르베나 보나리안시스(보라색
  꽃), 루드베키아(노란색 꽃)와 혼합하면 보색대비와 질감이 다른
  식물 디자인이 가능하다.
· **추천 재배종**: *C. grandiflora* 종에서 파생된 품종 'Rising Sun'
  (이른 개화), 'Heliot'(짙은 밤색의 중심부를 가진 꽃), 'Lanceleaf'(전체
  노란색 겹꽃), 'Moonbeam'(옅은 초록의 흰색 꽃, 가늘고 고운 잎),
  C. 'Limerock Ruby'(짙은 분홍의 꽃잎과 노란 중심부를 가진 꽃, 색상이
  화려하고 촘촘한 잎)

Cosmos
코스모스

북아메리카 자생의 일년생 혹은 다년생의 초본식물군이다. 대표적인 데이지 형태의 여름 꽃을 피우는 식물이다. 척박한 땅에서 자라기 때문에 정원에 심었을 때에도 관리가 비교적 수월하다. 다년생도 있지만 일년생의 경우는 씨앗으로 발아가 잘된다. 코레옵시스와 식물의 모양새가 매우 비슷하고, 꽃을 피우는 시기도 같다. 여름 화단을 지켜주는 대표적인 식물이다. 그러나 코레옵시스와는 다르게 해바라기 과와 유전적으로 비슷하다.

식물 디자인 요령

키가 0.3~2m에 이를 정도로 다양하다. 키가 지나치게 큰 종은 꽃을 피울 시기에 꽃대가 휘청이면서 땅에 주저앉고 줄기와 잎이 다소 지저분한 단점이 있다. 90cm 미만으로 줄기가 좀 더 굵고 직립하는 형태의 품종을 고르는 것이 요령이다. 꽃의 색상과 형태가 매우 다양하다. 특히 진한 자주색의 꽃은 정원에 짙은 색감을 주기 때문에 하이라이트 식물로 이용하기 좋다.

- **추천 혼합 식물**: 크나우티아(자주색 꽃), 수크령(잎의 질감), 달리아 (자주색 꽃)와 혼합하여 한들거리는 시원한 여름 화단 연출이 가능하다.
- **추천 재배종**: *C. bipinnatus*에서 파생된 재배종 'Dazzler'(진한 분홍 꽃), 'Gazebo Red'(짙은 빨간색 꽃), 'Cupcakes'(컵 모양의 분꽃) *C. atrosanguineus*(짙은 자주색 꽃)

Crocus
크로쿠스

온대성 기후 지역에서 폭넓게 자생하는 다년생 초본식물군이다. 극 지방인 툰드라 지역에서도 자생할 정도로 추위에 강하다. 자생지는 주로 숲 속이거나 높은 고산 지대이기 때문에 정원에 활용할 때에도 암석을 이용한 디자인에 잘 어울린다. 이리스 과에 속해 있어서 유전적으로 비슷한 특징을 지니고 있다. 촉촉한 땅에서도 잘 자라고 반그늘 상태에서 꽃을 잘 피운다. 개화시기는 이른봄인 2~3월이다. 단, 우리에게 잘 알려진 '사프란(Saffraan)' 종은 가을에 꽃을 피운다.

식물 디자인 요령

10~15cm 이내로 자라는 매우 작은 키의 식물이다. 그러나 작은 키에 비해 큰 꽃을 피워서 겨울을 지나 봄을 알리는 첫 식물이 돼준다. 작기 때문에 단독으로 심기보다는 그룹으로 큰 나무 밑에 흩뿌려 심어주면 자연스럽게 피어나 초봄의 산뜻한 숲 속 정원을 연출할 수 있다.

- **추천 혼합 식물**: 다프네(관목으로 키가 1m에 이르고 이른봄 향기로운 분홍색 꽃을 피운다), 복수초(노란색 꽃), 무스카리(보라색 꽃)와 함께 심으면 이른봄 화려한 화단 연출이 가능하다.
- **추천 재배종**: *C. tommasinianus* 'Snow Crocus'(연보라색 꽃), *C. vernus* 'Jeanne d'Arc'(흰색 꽃잎에 주황색 수술), *C. chrysanthus* 'Romance'(크림색, 연한 노란색 꽃)

Crocosmia
크로코스미아

수단을 포함한 동남아프리카 자생의 다년생 초본식물이다. 날씨가 온화한
곳에서는 상록으로 겨울에도 잎이 시들지 않지만 추운 지역에서는 잎과
줄기가 사라진다. 20~40여 종이 포함된 비교적 작은 식물군이다. 햇볕을
아주 좋아하기 때문에 그늘진 곳에서는 꽃이 잘 피지 않는다. 대신 건조한
땅보다는 촉촉한 습도를 좋아해서 물주기에 신경을 써주는 것이 좋다.
아프리카 자생이지만 산악 지형에서도 자라기 때문에 추위에 강한 편이나
매우 추운 지역에서는 월동이 어려울 수 있다. 잎은 봄부터 자라고 강렬한
빨간색의 꽃은 초여름에 핀다.

식물 디자인 요령

키는 40~90cm 정도에 이르고 칼날처럼 뾰족한 잎을 지니고 있다.
잎의 진한 초록색과 대비되는 아주 강렬한 주황색, 빨간색의 꽃이
핀다. 꽃의 개화기간이 비교적 길기 때문에 짙은 초록색의 잎을
지닌 식물과 함께 조합하면 보색대비의 화단 구성이 가능하다.

· **추천 혼합 식물**: 칸나(큰 키와 잎), 아가판투스(보라색 꽃 대비),
  라벤더(보라색 꽃), 수크령(자연스러운 잎의 질감)을 혼합하면
  보라와 빨강, 초록의 강렬한 여름 식물 디자인이 만들어진다.
· **추천 재배종**: *C.* 'Lucifer'(진한 빨간색 꽃), *C.* 'Star of the East'
  (짙은 오랜지색 꽃), *C.* 'Meteore'(노랑이 혼합된 빨간색 꽃)

D · E · F · G

식물의 이름은 속(屬, genus)의 알파벳 순서에 따름.
속은 사람 이름의 성(姓)에 해당하는 것으로
속이 같을 경우, 유전적으로 매우 유사한 특성을 갖는다.

Dahlia

Daucus

Delphinium

Dendranthema

Dianthus

Dicentra

Digitalis

Dryopteris

Echinacea

Erigeron

Euphorbia marginata

Euryops

Festuca

Gardenia

Gaura

Geum

Gladiolus

Gomphrena

Dahlia
달리아(다알리아)

멕시코를 포함한 아즈텍 문명 지역에서 자생하는 다년생 식물군이다.
햇볕을 좋아하고 가뭄에는 강하지만, 18도 이하의 온도와 축축한 땅에서는
성장이 어렵다. 워낙 커다란 몸집의 꽃을 피우는 데다 꽃의 색상이나 형태가
장미만큼이나 다양하고 화려해 전 세계적으로 인기가 많은 정원 식물이다.
다년생이지만 우리나라 겨울 추위에서는 월동이 어렵기 때문에 뿌리를
캐두었다가 봄에 다시 심어주거나 일년생으로 키워야 한다. 꽃이 지속적으로
피어나고, 여름부터 겨울까지 개화기간도 매우 길다. 꽃이 지고 난 후, 꽃대를
따주면 지속적으로 그다음 꽃을 볼 수 있다. 꽃이 피는 시기는 7~9월이다.

식물 디자인 요령

키는 0.3~1.5m로 다양하다. 호리한 타입에 키가 크기 때문에
꽃의 무게에 의해 휘청일 수 있어서 지지대가 필요하다. 달리아는
꽃의 형태를 7가지로 구별한다. 캑터스 타입은 선인장처럼
꽃잎 끝이 뾰족하게 대롱처럼 말리고, 데코레이티브 타입은 꽃잎의
끝이 둥글고 부드럽다. 폼폰볼 타입은 마치 종이접기를 한 듯이 공
모양이고, 아네모네 타입은 꽃에 무늬가 있고, 싱글 타입은 홑겹,
포니 타입은 작약과 비슷하다.

- **추천 혼합 식물**: 수크령(갈대의 부드러운 잎), 베르베나(보라색 꽃),
  펜스테몬(분홍색 꽃), 딜(가늘고 고운 잎), 루드베키아(노란색 꽃)을
  혼합하여 보색대비의 식물 디자인이 가능하다.

Daucus
다우쿠스

다우쿠스는 당근이 속해 있는 이년생 초본식물군이다. 우리나라에서는
뿌리를 먹기 위해 재배하지만 우산을 펼친 듯한 우아한 꽃을 보기 위해
오래전부터 관상용으로도 이용돼왔다. 온대성 기후의 아시아, 유럽,
남아메리카에서 자생한다. 겨울을 나고 다음해 열매를 맺는 특징 때문에
흔히 이년생 식물로 분류된다. 영어권에서는 '앤 여왕의 레이스'라는 별명이
있는데 꽃의 생김이 마치 레이스를 뜬 것처럼 우아하게 보이기 때문이다.
우리나라에서는 뿌리이름 그대로 '당근(꽃)'으로 불린다. 가뭄에 비교적 강한
편이고, 햇볕을 좋아한다. 꽃은 여름부터 초가을까지 지속돼 여름 화단에
좋은 식물이다.

식물 디자인 요령
키는 30~60cm에 이른다. 줄기가 비교적 두툼한 편이서 큰 꽃이
피어도 잘 견뎌준다. 하이라이트 식물이기도 하고, 더불어 잔잔한
꽃과 잎으로 배경 식물이 돼준다. 주로는 흰색 꽃이 피지만 개발된
재배종 중에는 보라색과 분홍색 꽃도 있다.

· **추천 혼합 식물**: 달리아(진한 빨간색, 분홍색 꽃), 앙겔리카(우산 형태의
   꽃), 라벤더(보라색 꽃), 살비아(보라색 꽃), 베로니카(보라색 꼬리꽃)와
   혼합하여 여름 화단을 만들 수 있다.
· **추천 재배종**: *D. carota*에서 관상용 재배종이 거의 개발되었다.
   D. 'Dara'(분홍색 꽃), *D.* 'Purple Kisses'(짙은 보라색 꽃)

Delphinium
델피니움

북반구 온대 기후에서 골고루 자생하는 초본식물군이다. 주로는 낮은
산악 지대에서 자생하기 때문에 추위에는 다소 강한 편이지만 덥고, 습기가
많은 기후를 잘 견디지 못한다. 특히 우리나라의 장마철 비와 무더위가
지속될 때에는 꽃이 녹는 증상을 보일 수 있다. 다년생으로 월동이 가능하지만
겨울 추위가 맹렬한 곳에서는 불가능하다. 학명 델피니움은 '돌고래'를 뜻하는
그리스어에서 유래된 것으로 꽃봉오리가 열리기 전 모습이 돌고래를
닮았다고 해서 붙여진 이름이다. 식물 전체의 줄기를 따라 꽃이 조밀하게
피어나기 때문에 지지대를 세워주는 것이 좋다. 꽃은 6~7월 보라색, 파란색,
흰색으로 피어난다.

식물 디자인 요령

키는 0.6~1.2m에 이른다. 직립형의 꼿꼿한 줄기를 따라서 꽃이
촘촘히 매달려 피어난다. 파란색이 많이 들어간 보라색, 흰색,
분홍색으로 꽃을 피워 초여름 화단에서 빼놓을 수 없는 가장 화려한
하이라이트 식물 중 하나다.

- **추천 혼합 식물**: 샤스타데이지(흰색 꽃), 헤우케라(자주색 잎),
  유카(뾰족하게 퍼진 잎), 하설초(흰색 꽃)와 혼합하면 연보라색의
  시원한 초여름 식물 디자인 연출이 가능하다.
- **추천 재배종**: D. 'Aurora Lavender'는 라벤더색의 꽃이 피지만
  꽃봉오리일 때는 흰색이다. D. 'Black Knight'는 짙은 보라색,
  D. 'Cherry Blossom'은 연분홍색 꽃을 피운다.

Dendranthema
덴드란테마

우리나라 자생의 국화과 식물인 '구절초'는 현재까지 학명이 여전히 혼선을
일으키고 있다. 원래는 *Chrysanthemum zawadskii* var. *latilobum Kitamura*
였지만 기존의 국화와 그 재배종을 차별화하기 위해 *Dendranthema zawadskii*
로 바뀌었다. 그러나 아직도 두 학명이 공존하며 쓰인다. 구절초는 국화과의
가장 상징적인 꽃 형태로 둥근 중심부를 두고 그 주변으로 꽃잎이 펼쳐진다.
늦여름에 꽃을 피워 서리가 내릴 때까지 계속 꽃을 피우는 대표적인 가을
꽃이다. 자생력이 뛰어나 특별한 관리를 필요로 하지는 않지만 가을이 되었을
때 너무 늘어질 수 있기 때문에 초여름에 줄기를 지면 가까이에서 바짝
잘라주어 새롭게 줄기와 잎을 받아내는 것이 좋다.

식물 디자인 요령

키는 60~90cm 정도로 낭창거리는 줄기를 지니고 있다. 꽃은 흰색과
분홍색으로 피는데 맑고 투명해 가을 화단에 하이라이트가 돼준다.
꽃과 잎이 국화처럼 무성하지 않기 때문에 다른 식물과 혼합했을 때
잘 조합된다.

· **추천 혼합 식물**: 억새(흰색 줄무늬 잎), 털수염풀(부드럽고 가는 잎),
  베르베나 보나리안시스(보라색 꽃), 쑥부쟁이(보라색 꽃),
  원평소국(멕시칸 데이지)을 혼합하여 가을 국화 화단을 디자인할
  수 있다.

Dianthus
디안투스

유럽, 아시아, 아프리카, 남아메리카 등의 온대성 기후 지역에서 광범위하게 자생하는 다년생 식물군이다. 디안투스 속에 300여 종이 있을 정도로 매우 큰 그룹의 식물이기도 하다. 우리가 잘 알고 있는 '카네이션'도 *D. caryophyllus* 종을 말한다. 꽃색이 대부분 분홍이기 때문에 영어권에서는 '핑크'라고도 한다. 원래는 꽃이 매우 짧게 피는데 1971년 씨를 맺지 않는 재배종이 개발되면서 개화기간이 매우 길어져 관상용으로 더욱 사랑받고 있다. 햇볕을 좋아해서 적어도 하루 6시간 이상 빛이 들어오는 양지바른 화단에 심는 것이 좋다. 꽃이 피는 시기는 5~6월이다.

식물 디자인 요령

키는 품종의 특성에 따라 10~60cm로 다양하다. 또 전체적으로 분홍색 꽃을 피우지만 흰색 테두리가 있다거나 중심부의 색이 흰색, 진한 분홍색 등으로 다양하다. 키가 크고 꽃이 많이 열리는 디안투스는 작지만 두드러지는 화려한 색으로 하이라이트 식물이 돼준다.

· **추천 혼합 식물**: 은쑥(은색 잎), 백묘국(은색 잎), 앙겔로니아(분홍색 꽃), 안티르히눔(분홍색 꽃)과 혼합하면 부드러운 분홍색과 은색의 봄 정원 연출이 가능하다.
· **추천 재배종**: *D. barbatus*는 키가 크고 밤송이처럼 꽃이 생겨 '밤송이 패랭이'로 불리고 *D. superbus*는 술패랭이를 말한다.

Dicentra
디첸트라

우리나라를 포함한 동아시아, 북아메리카 자생의 다년생 초본식물이다.
초본식물이지만 관목처럼 덩치 있게 자라주기 때문에 넉넉한 면적이 필요하다.
심장을 닮은 매우 독특한 꽃과 크고 넓은 단풍잎을 닮은 잎을 지니고 있다.
씨를 통해서도 번식이 가능하다. 산악 지대에서 자생하는 종은 추위에
강하지만 뜨거운 날씨에는 잎이 타들어가는 증상이 생기기도 한다.
꽃이 피는 시기는 4~5월이다. 우리나라에서는 '금낭화'로도 불린다.

식물 디자인 요령

관목형으로 덩치 있게 자라준다. 꽃의 형태가 매우 독특하게
긴 줄기에 휘어지면서 연이어 매달려 방울처럼 피어난다.
꽃이 피었을 때는 화려하면서 독특한 하이라이트 식물이지만
주의할 점은 대부분의 시간을 정원에서 잎으로 머물러준다는
점이다. 때문에 잎과 줄기의 색상, 형태를 잘 고려해야
화단 디자인을 성공적으로 완성할 수 있다.

· **추천 혼합 식물**: 튤립(진한 자주색 꽃), 물망초(파란색 꽃), 아스틸베
  (초록색 잎과 분홍색 꽃), 헤우케라(짙은 자주색 잎)와 혼합하여
  봄 화단 디자인이 가능하다.
· **추천 재배종**: 재배종 대부분은 *D. spectabilis* 종에서 만들어졌다.
  D. 'White Gold'(흰색과 노란색이 섞인 꽃), *D.* 'Western Bleeding
  Heart'(진한 분홍색 꽃), *D.* 'Gold Heart'(노란색이 들어간 잎),
  D. 'King of Heart'(파슬리 타입의 초록색 잎)

Digitalis
디기탈리스

정원에 이용되는 종은 *Digitalis purprea*로 이년생 초본식물이다. 유럽과
북아프리카에서 자생하고 약 20여 종이 속해 있는 작은 그룹이다. 디기탈리스
라는 속명은 '손가락'이라는 뜻으로 여러 설이 있지만 손가락 마디만 한 꽃이
핀다는 의미로 알려져 있다. 쭉 뻗은 줄기를 따라 종 모양의 꽃이 매달려
피어난다. 숲 속과 초원에서 자생하는 식물이라 나무가 우거진 숲 속의 그늘과
같은 조건에서 잘 자란다. 꽃이 피는 시기는 이른 여름인 6~7월이다.

식물 디자인 요령
키는 0.6~1.2m 정도로 자란다. 워낙 형태가 뚜렷하고 큰 꽃이
밀집하여 피어나기 때문에 대표적인 여름 하이라이트 식물이다.
꽃잎의 색상은 분홍색, 보라색, 흰색, 노란색 등인데 꽃 속에 반점이
있는 게 특징이다. 주의 할 점은 꽃 속의 점박이가 강조된 품종은
매우 독특한 효과를 줄 수 있기 때문에 주변 식물과 조합하여 얼마나
잘 어울릴 수 있는지를 살펴야 한다.

- **추천 혼합 식물**: 세둠(흰색, 분홍색 꽃), 아킬레아(흰색 꽃), 알리움
  (공 모양의 보라색 꽃), 백묘국(은색 잎)과 혼합하여 분홍색과 흰색
  조합의 초여름 화단 구성이 가능하다.
- **추천 재배종**: 'Camelot Series'는 꽃이 깨끗하면서도 풍성하다.
  그 외에도 연보라색 꽃을 피우는 'Sugar Plum', 꽃 속의 점박이
  문양이 강한 'Dalmatian Series'도 있다.

Dryopteris
드리옵테리스

고사리 속 식물로 300여 종이 포함돼 있다. 고사리는 지구에서의 역사가
그 어떤 식물보다 길기 때문에 종류도 그만큼 많다. 일반적으로
드리옵테리스는 영어권에서는 참나무 등의 숲 속에서 하부 식물로 자리를
잡아서 '우드 펀(wood fern)'이라고도 부른다. 성장을 위해서는 반드시 물과
습도가 필요해서 그늘진 화단에서 키워야만 한다. 물이 마르면 잎이
오그라들기 때문에 관상 효과를 기대하기 어렵다. 우리나라 자생종으로는
'관중(*D. crassirhizoma* 'Nakai')'이 있다. 다년생으로 낙엽이 지기도 하지만,
따뜻한 곳에서는 상록으로 겨울을 보낸다.

식물 디자인 요령

키는 30~80cm 정도에 이른다. 그늘에 강한 식물이기 때문에 비슷한
환경을 좋아하는 식물과 함께 그늘 화단을 조성하는 데 아주
유용하다. 잎의 모양은 특유의 '방패' 모양도 있지만 형태가
다양하고, 부드러운 질감도 있지만 거의 가죽처럼 빳빳한 것도 있다.
다양한 고사리를 모아 '고사리 정원(Fernery)'을 만들어도 좋다.

· **추천 혼합 식물**: 호스타(큰 잎), 아스틸베, 은방울꽃, 둥글레를
  혼합하면 풍성한 그늘 화단 디자인이 완성된다.
· **추천 재배종**: *D. dilatata* 'Lepidota Cristata'는 연하고 부드러운 잎이
  지녔고, *D. sieboldii*는 잎이 크고 굵으면서 빳빳하다. 소철의 잎을
  닮은 *D. cycadina*와 잎이 부드럽지만 펼쳤을 때 화려한
  *D. monticola*도 있다.

Echinacea
에키나체아

북아메리카의 초원 지대와 큰 나무가 없는 초원형 산악 지대에 자생하는
다년생 초본식물군이다. 추위에 강하고, 햇볕을 좋아하고, 건조한 상황에서도
잘 자란다. 그늘에 심게 되면 꽃의 개화가 어려워질 수도 있다. 에키나체아라는
이름은 '성계'라는 뜻으로 꽃에 성계의 가시처럼 생긴 중심부가 있어 붙여진
이름이다. 꽃과 뿌리를 아메리카 원주민들은 항생제와 감기 치료제로 오랫동안
써왔다. 꽃의 개화기간이 매우 길어서 한 번 꽃이 피면 여름부터 초가을까지
지속된다.

식물 디자인 요령

1~1.2m에 이를 정도로 키가 크다. 줄기가 굵고 단단하고 직립형인
데다 꽃 자체도 매우 빳빳하고 단단하다. 하이라이트 식물로는 더할
나위 없이 눈길을 잡아끈다. 너른 초원을 연상시키는 정원이라면
무리지어 심어 자연스럽게 연출하는 것도 방법이다. 작은 화단에서는
5~6포기를 모아 심고 하부 식물을 보강하는 형태로 디자인해주면
좋다.

- **추천 혼합 식물**: 수크령(부드러운 갈대잎), 살비아(보라색 꽃),
  라벤더(보라색 꽃), 털수염풀(가늘고 고운 풀)과 함께 연출하면
  부드러움 속에 에키나체아가 돋보이는 화단 디자인이 가능하다.
- **추천 재배종**: 대부분 *E. purpurea*에 재배품종이 개발되었다.
  'White Swan'은 흰색의 길면서 뾰족한 잎을 지녔고, 'Ruby Giant'는
  꽃 중심부의 형태가 매우 크고 강렬하다. 'Summer Cocktail'은
  오렌지색과 분홍색이 결합된 꽃을 피운다.

Erigeron
에리게론

데이지 형태의 꽃을 피우는 북아메리카 자생의 초본식물이다. 일년생도
있지만 대부분은 다년생이다. 에리게론이라는 속명에는 '이른 아침'과
'노인'이라는 뜻이 있다. 꽃의 모양이 이른 아침의 해를 닮은 부분도 있고,
꽃이 지고 난 후에 흰 수염처럼 맺히는 씨주머니를 두고 지어진 이름이다.
영어권에서는 멕시코에 자생하는 데이지라는 뜻으로 '멕시칸 데이지'라고도
부른다. 우리나라에서는 일본에서 유래된 이름인 '원평소국'으로도 불린다.
햇볕을 좋아하고, 척박한 흙에서도 잘 자란다. 여름부터 초가을까지 꽃이 핀다.

식물 디자인 요령

키는 15~20cm 정도로 작은 편이다. 꽃은 작은 편이지만 전체
몸집이 풍성하다. 잎과 꽃이 작고 한들거리기 때문에 내추럴한
느낌이 강하다. 유럽 정원에서는 오래전부터 돌 틈, 계단 사이
담장 틈에 심어서 딱딱한 건출물을 부드럽게 만드는 연출을 많이
해왔다. 화단에서는 단독으로 쓰기보다 눈에 띄는 단독 식물과 함께
심어 배경이 되도록 구성하면 좋다.

· **추천 혼합 식물**: 펜스테몬(보라색 꽃), 살비아(파란색 꽃), 억새(흰색
  줄무늬 잎), 달리아(진한 분홍색 꽃), 아킬레아(흰색 꽃)와 함께
  연출하면 초원 느낌이 강한 늦여름, 초가을까지의 화단이 가능하다.
· **추천 재배종**: *E. karvinskianus*에서 재배된 품종이 많다.
  'Profusion'은 처음엔 분홍색이었다가 흰색으로 활짝 꽃을 피우고,
  'Blüetenmeer'는 분홍색과 흰색 꽃이 반반 섞여 피어난다.

Euphorbia marginata
에우포르비아 마르기나타

에우포르비아 속은 무려 2,000여 종이 넘는 식물들이 포함돼 있는 가장 큰
식물군 중 하나다. 이 중 에우포르비아 마르기나타는 우리나라에도 널리
소개된 식물로 영어권에서는 산 위의 눈을 뜻하는 '스노 온 더 마운틴(Snow on
the mountain)'으로도 불린다. 우리나라에서는 비슷한 개념으로 '설악초'라
부른다. 꽃은 아주 작게 열려서 눈에 잘 띄지 않는다. 대신 잎에 흰색의 테투리
가 매우 독특하게 둘러져 있어서 잎 자체의 관상 효과가 뛰어나다. 일년생으로
씨를 뿌려도 잘 발아되고, 가을이 되면 씨가 땅에 떨어져 다음해 다시 나오기도
한다. 햇볕을 좋아해서 양지바른 화단에 적합하고, 가뭄에는 비교적 강한
편이다. 그러나 산악 지방이 자생지인 까닭에 지나친 습도와 열기에는 힘들어
한다. 잎이 절정에 이르는 시기는 한여름으로 대표적인 여름 식물이다.

식물 디자인 요령

키는 30~80cm 정도로 비교적 큰 편이다. 줄기가 직립으로 하나로
올라간 뒤에 위에서 다시 여러 갈래로 퍼지는 형태다. 단정한
모습으로 자라기 때문에 잎만으로도 충분히 하이라이트 효과가
나타난다. 특히 화이트 가든을 구성하고 싶다면 늦가을까지 잎에
흰색을 잃지 않는 설악초가 제격이다. 암석정원, 계단이나 담장
앞에 씨앗을 뿌려 키우면 좀 더 자연스러운 멋이 강해진다.

· **추천 혼합 식물**: 유카(흰색 줄무늬가 있는 종), 에키나체아(흰색 꽃),
  베르베나 보나리안시스(보라색 꽃)와 함께 심어 잎 자체가
  화려하고 굵직한 화단 연출이 가능하다.

Euryops
에우리옵스

남아프리카, 아라비안 반도 지역에서 자생하는 초본식물군이다. 초본식물이긴
하지만 풍성하게 관목 형태로 자라서 몸집이 큰 편이다. 고사리를 닮은 잎을
지니고 있고, 선명하고 큰 노란색 꽃을 피운다. 에우리옵스는 그리스어로
'넓고 큰 눈'이라는 뜻이다. 햇볕을 좋아해서 양지바른 화단에 적합하다.
늦여름 꽃을 피워서 서리가 내리기 전 가을까지 꽃을 볼 수 있다. 일년생도
있지만 대부분은 다년생이다. 하지만 우리나라에서는 겨울 추위 탓에 월동이
힘든 지역이 많다. 때문에 일년생 초본으로 정원에 자리 잡게 하는 것도 좋은
방법이다. 꽃이 피는 시기는 8~9월이다.

식물 디자인 요령

키가 0.5~1m에 이르고 관목 형태라 옆으로 크게 번져서
관목의 느낌이 강해진다. 잎이 촘촘하고 밀집돼 있어서 지면을
덮어주는 효과도 있고, 개화기간이 길어 늦여름 화단 디자인에
유용하다. 특히 잎이 청색을 띠는 품종은 화단을 좀 더
부드럽게 만들어주는 효과가 있다.

· **추천 혼합 식물**: 커리플랜트(비슷한 느낌의 청회색 잎과 노란색 꽃),
  칸나(짙은 자주색 잎으로 키가 크다), 백묘국(흰색 잎의 비슷한 느낌)을
  혼합하여 한여름 화이트 식물 디자인 연출이 가능하다.
· **추천 재배종**: *E. pectinatus* 'Jamaica Sunshine'은 직립이 뚜렷하고
  짙은 초록색의 잎을 지니고 있어 노란색 꽃과 대조가 강하다.
  'Golden Daisy Bush'는 잎에 청색이 많아 부드러움이 강조된다.

Festuca
페스투카

북극, 남극을 제외하고 지구 전역에서 자생하고 있는 다년생 초본식물군이다.
약 500여 종이 포함돼 있는 큰 그룹으로 따뜻한 곳에서는 상록으로 잎을
유지한다. 영어권에서는 유난히 푸른색의 잎을 가진 이 식물군을 '블루 페스큐
그래스(Blue fescue grass)'라고 부른다. 자생력이 강해 특별한 관리가 필요
없지만 햇볕이 잘 드는 곳이 좋다. 햇볕의 양이 적어지면 특유의 청색을
잃어버리고 잎이 초록으로 변한다. 여름이 되면 오히려 성장을 멈추고 누렇게
변하기 때문에 이때 지면 가까이에서 잘라주면 다시 찬바람이 부는 가을에
회생할 가능성이 높다. 지나치게 밀식되어 자라면 습도가 높은 우리나라의
장마철 기후에 잎이 썩을 수 있어 장마가 오기 전 지면에서 바짝 잘라주고 다시
새싹이 올라오게 하는 것도 좋다.

식물 디자인 요령

화단의 가장자리에 심어주고 다른 색의 식물을 혼합해주면
전체적으로 화단의 구성을 그레이 톤의 부드러움으로 표현할 수
있다. 솟아오르는 하이라이트 식물을 함께 심으면 바탕이 돼주어
화단이 더욱 돋보인다.

· **추천 혼합 식물**: 디안투스(패랭이, 분홍색 꽃), 알리움(보라색 꽃),
  크로코스미아(주황색 꽃), 에키나체아(분홍색 꽃)와 함께 조합하여
  여름의 화려한 식물 디자인이 가능하다.

Gardenia
가르데니아

열대 식물로 엄밀하게는 초본식물이 아니라 작은 관목이다. 상록으로 겨울에도
잎을 떨구지 않고 향기가 매우 진한 흰색 꽃을 피운다. 나무지만 키가 작고,
잎이 무성해서 초본식물 화단에도 자주 활용된다. 가르데니아라는 이름은
스코틀랜드 출신의 자연주의 사상가 '알렉산더 가든(Alexander Garden,
1730~1791)'의 이름에서 비롯됐다. 우리나라에서는 '치자나무'로도 불린다.
열대 식물인 까닭에 우리나라 대부분 지역에서 월동이 힘들지만 추위에 강한
재배종도 개발되는 중이다. 꽃은 6~7월에 피어난다.

식물 디자인 요령
열대 식물이긴 하지만 대부분 1.5m 미만으로 키가 크지 않고,
잎이 촘촘하고 풍성하다. 흰색의 동백을 닮은 꽃을 피우는데 향기가
매우 강하다. 꽃의 형태가 장미를 닮아 뚜렷하고 눈에 띈다.
단독으로 쓰면서 주변에 가늘고 부드러운 잎을 사초, 우산 형태의
꽃을 피우는 식물과 혼합하면 부드러운 효과를 볼 수 있다.

· **추천 혼합 식물**: 베고니아, 봉숭아, 클레오메, 첼로시아(맨드라미)
  등과 같이 심어서 뜨거운 여름 정원의 느낌을 연출하는 것도 좋다.
· **추천 재배종**: *G. jasminoides*에서 개량된 품종이 대부분이다.
  'Aimee'는 흰색 꽃이 풍성하고, 'Fortuniana'는 케이프재스민
  (꽃치자)으로 불리는데 꽃이 겹꽃으로 풍성하고 향기가 좋다.
  'Buttons'는 키가 작고 풍성하고 꽃의 중심부에 노란색 심과
  특유의 무늬가 있다. 'Crown Jewel'은 흰색 꽃잎이 두툼하다.

Gaura
가우라

북아메리카 자생의 초본식물군으로 일년생 혹은 다년생이 있다. 비교적 추위에 강한 편이고 햇볕을 좋아한다. 가우라는 '최고(superb)'라는 뜻으로 끊임없이 꽃을 피우고 자생 능력이 뛰어나 붙여진 이름이다. 가우라는 1980년 재배에 성공, 'Siskiyou Pink'라는 품종명으로 식물시장에 본격적으로 등장한다. 영어권에서는 2m가 넘게 낭창거리며 키가 자라는 가우라의 특징을 따서 '완드 플라워(Wand flower)'라고도 한다. 우리나라에서는 꽃의 끝이 뾰족한 바늘을 연상시킨다고 해서 '바늘꽃'으로 불리고 7~10월에 꽃을 피운다.

식물 디자인 요령

키가 1m에 이른다. 최근에는 키가 작은 재배종이 개발되고 있다. 여름 화단에 풍성함을 제공하는 대표적인 식물로 무리지어 심어주면 효과가 크다. 그러나 자칫 어지럽게 자랄 수 있어 줄기를 잘라 키를 낮춰주는 것도 좋다.

- **추천 혼합 식물**: 베르베나 보나리안시스(보라색 꽃) 펜스테몬(분홍색꽃), 에키나체아(흰색 꽃), 아스테르(보라색 꽃)와 혼합시켜 심으면 분홍과 보라의 정원 연출이 가능하다.
- **추천 재배종**: *G. lindheimeri*에서 재배종이 개발되었다. 'Corrie's Gold'는 잎에 흰색 줄무늬가 있는 종이고, 'Crimson Butterflies'는 밝은 분홍색 꽃이 핀다. 또 'Sparkle White'는 흰색 꽃을 피운다.

Geum
게움

아시아, 유럽, 아메리카, 아프리카, 뉴질랜드 등 지구 전역에서 자라는
식물군이다. 잎은 상록으로 겨울에도 지지 않는 경우가 많다. 추위에는 비교적
강한 편이어서 우리나라에서도 월동이 가능하다. 우리나라 자생의 게움은
'뱀무'라는 이름으로 불리는데 노란색 꽃을 피운다. 재배종으로는 주황색 꽃,
빨간색 꽃, 겹꽃 등이 개발되었다. 꽃이 지면 곧바로 잘라 다음 꽃이 피어날 수
있게 해주는 것이 좋다. 햇볕을 좋아하는 게움도 있지만 대부분은 그늘에서
잘 자라기 때문에 땅이 지나치게 건조해지지 않도록 해줘야 한다. 5~6월 꽃을
피운다.

식물 디자인 요령

키는 50cm 정도에 이른다. '주황 뱀무'로 불리는 *G. coccineum*은
주황색이 매우 진해서 자연상태에서는 보기 힘든 색이기도 하다.
초록과 보색대비를 이루기 때문에 강한 색의 대비가 일어난다.

- **추천 혼합 식물**: 살비아(푸른색 꽃), 억새(가늘고 긴 잎), 알리움
  (공 모양의 보라색 꽃)과 혼합하여 보라, 주황, 초록의 강렬한 색
  디자인이 가능하다.
- **추천 재배종**: *G. rivale*(주황색 꽃), *G. chiloense* 'Lady Stratheden'
  (노란색 겹꽃), *G. coccineum* 'Koi'(밝은 주황색 꽃), *G. coccineum* 'Mai
  Tai'(복숭아+자주색 꽃), *G.* 'Mrs J. Bradshaw'(매우 밝은 빨간색 꽃)

Gladiolus
글라디올루스

아시아, 지중해, 남아프리카, 열대 아프리카 지역에서 자생하는 다년생
초본식물군이다. 영어권에서는 검을 닮은 백합을 뜻하는 '스워드 릴리(Sword
lily)'라고 부르고 학명도 같은 뜻이다. 잎과 줄기가 하늘을 향해 솟아오른
느낌이 검을 닮았기 때문이다. 300여 종이 포함된 식물군이지만 대부분이
따뜻한 곳이 자생지인 탓에 추위에 약하다. 오래전부터 이종배합을 통한
재배종이 개발되어 색상과 꽃의 형태가 매우 다채롭다. 햇볕을 좋아하고,
6~7월에 꽃을 피운다.

식물 디자인 요령

키는 60~90cm에 이른다. 워낙 품종이 많기 때문에 꽃의 색상, 형태
등을 고려해 화단에 맞게 선택할 수 있다. 단독으로 쓰기보다는
5~10포기를 무리지어 심어주는 것이 좋다. 길쭉하고 키가 큰 잎을
지녔기 때문에 산발적으로 흩어지는 우산 형태의 식물과 혼합하면
좀 더 부드러운 화단 디자인이 가능하다.

· **추천 혼합 식물**: 달리아(진한 자주색 꽃), 작약(진한 분홍색 꽃),
 베르베나 보나리안시스(보라색 꽃), 아킬레아(흰색 꽃), 당근(흰색
 꽃), 페스투카(은청색 잎)와 함께 심으면 수직의 느낌이 살아 있는
 여름 화단 디자인이 가능하다.
· **추천 재배종**: G. 'Candyman'은 진한 연분홍 색의 꽃을 피우고,
 'Dream's End'는 키가 크고 주황색과 노란색이 섞인 꽃을 피운다.
 G. 'Black Star'는 진한 보라색으로 짙은 색감의 화단을 구성하는
 데 도움이 된다. 'Miss Green'은 탐스러운 연녹색 꽃을 피운다.

Gomphrena
곰프레나

아마란스 과에 속해 있는 초본식물군이다. 파나마, 과테말라 등 열대 기후를
지닌 중앙아메리카 자생의 식물이다. 정원에서 많이 쓰이는 종은 *Gomphrena*
*globosa*다. 빨간색, 분홍색, 주황색, 보라색 등의 꽃을 피운다. 대부분
일년생으로 아주 오랫동안 꽃을 피우는 특징 때문에 우리나라에서는 '천일홍'
이라는 이름도 있다. 햇볕에서도 잘 자라지만 촉촉한 습기 있는 땅을 좋아한다.
까탈 없이 잘 자라는 식물이고 씨를 직접 땅에 뿌려도 잘 나와준다. 줄기가
솟아올라 큰 키를 지닌 종도 있고, 작게 지면을 잎으로 채우면서 올라오는 종도
있다. 다년생도 있지만 워낙 열대 지역이 자생지라 우리나라에서는
일년생으로만 가능하다.

식물 디자인 요령
꽃이 매우 오랫동안 피어 있고, 단추 모양으로 작지만 풍성하게
무리지어 피기 때문에 화단 연출에 아주 요긴한 식물이다. 단독으로
무리지어 심어도 좋고, 산발적으로 씨를 뿌려 화단에서 올라오게
하는 것도 자연스럽다.

- **추천 혼합 식물**: 체라스티움(하설초), 백묘국(흰색 잎), 아킬레아
  (톱풀, 흰색 꽃), 아스테르(별 모양의 보라색 꽃)와 함께 조합하면
  흰색 바탕에 차분하면서도 고급스러운 화단 연출이 가능하다.
- **추천 재배종**: *G. globosa* 종에서 재배된 'Buddy Purple'은 보라색 꽃
  을 피워주고, 'Bicolor Rose'는 분홍색 꽃을, 'Gnome Series'는 15cm
  정도 키로 보라색, 흰색, 분홍색 꽃을 피운다.

Plant Identification

H·I·J·K

식물의 이름은 속(屬, genus)의 알파벳 순서에 따름.
속은 사람 이름의 성(姓)에 해당하는 것으로
속이 같을 경우, 유전적으로 매우 유사한 특성을 갖는다.

Hakonechloa macra

Helenium

Helianthus

Helichrysum

Hellebore

Hemerocallis

Heuchera

Hosta

Hydrangea

Iris

Jacobaea martina

Jasminum nudiflorum

Kniphofia

Hakonechloa macra
하코네클로아 마크라

아직까지는 단 하나의 종만 존재하는 것으로 알려져 있고 일본을 자생지로 두고 있는 초본식물이다. 유전적으로는 납작보리 사초가 포함돼 있는 카스만티움(Chasmanthium) 속과 비슷하다. 숲 속이 자생지인 까닭에 다른 대부분의 사초와 달리 그늘 상태를 좋아한다. 지속적으로 잎이 계속 머물러주기 때문에 하부 식물로도 좋다. 줄기가 아치처럼 휘고 늘어지는 형태로 하부 식물로 심었을 때 자연스러움이 강조된다.

식물 디자인 요령

키는 40~60cm에 이른다. 그늘에 강한 식물이기 때문에 큰 나무 밑이 심기에 적합하다. 대부분 그늘에 강한 식물군은 잎이 넓고 큰 특징이 있어 한들거리는 느낌의 고은 질감 표현이 힘들다. 하지만 하코네 갈대의 경우는 가늘고 고운 잎의 질감뿐만 아니라 부드럽게 늘어지는 성질까지 있어 자연스러운 숲 속 느낌의 식물 구성에 탁월하다.

- **추천 혼합 식물**: 아스틸베(가늘고 고은 잎, 분홍색 꽃), 호스타(잎), 맥문동(가는 잎과 분홍색 꽃), 브룬네라(무늬 있는 잎), 고사리(가늘고 부드러운 질감의 잎)를 혼합하여 그늘 화단 조성이 가능하다.
- **추천 재배종**: H. macra 'Alboaurea'는 잎에 노란색이 많아 화사하고, 'Aureola'는 잎에 노란색 줄무늬가 있다. 'Naomi'는 크림색과 노란색이었던 잎이 점점 보라색과 빨간색으로 변한다.

Helenium
헬레니움

아메리카 대륙에서 자생하는 초본식물군으로 일년생 혹은 다년생의
생명주기를 갖는다. 헬레니움이라는 이름은 그리스 로마 신화의 트로이 왕비
헬렌(Helen)에서 유래됐다. 햇볕을 좋아해서 양지바른 화단에 심어주는 것이
좋다. 가뭄에 비교적 강한 편이고, 일년생의 경우는 씨앗을 직접 땅에 뿌려도
싹이 잘 난다. 추위에 강한 편이어서 우리나라 대부분의 지역에서도 씨가
살아남아 다음해 싹을 틔운다. 화려한 꽃의 형태와 색상으로 식물이 개량되어
여름 식물로 전 세계에서 가장 많이 사랑받는 식물 중에 하나다. 꽃이 피는
시기는 8~10월이다.

식물 디자인 요령
정원 화단에서는 1m 미만의 키 작은 헬레니움이 좋다. 화려한
색을 지닌 꽃잎이 해바라기처럼 활짝 벌어지는 타입으로 화단에
하이라이트 식물로 쓰인다. 하부 식재를 보강하면 흔들리지 않고
바로 서 있는 데 도움이 된다.

- **추천 혼합 식물**: 당근(흰색 레이스꽃), 루드베키아(노란색 꽃),
  아킬레아(흰색 꽃), 세둠(흰색 꽃)을 혼합하여 연출하면 키가
  크면서도 바람에 한들거리는 시원한 형태의 식물 디자인이
  가능하다.
- **추천 재배종**: *H.* 'Rubinzwerg'는 짙은 자주색 꽃잎에 짙은 밤색
  중심부를 지녔고, 'Rauchtopas'는 노란색 꽃잎에 밤색 중심부를
  지녔다. 'Waltraut'는 꽃잎에 오렌지색과 연한 주황색이 섞여 있다.
  순수한 색을 원한다면 'Butterpat' 종을 선택하는 것도 좋다.

Helianthus
헬리안투스

헬리안투스는 일년생과 다년생이 정원에서 각각 잘 이용된다. 우리가 잘 알고
있는 해바라기(H. annuus)는 대표적인 일년생 식물이다. 헬리안투스라는
말 자체에 '해바라기(Sun flower)'라는 의미가 있을 정도로 햇볕을 좋아하기도
하지만 활짝 펼쳐진 꽃의 모양이 태양을 닮았다. 다년생 헬리안투스의 경우는
관상용 식물로 초본식물 화단에 잘 쓰인다. 자생지는 북아메리카와
중앙아메리카 대륙으로 70여 종이 이 식물군에 포함돼 있다. 햇볕을 좋아하고
건조함에 잘 견딘다. 꽃이 피는 시기는 7~8월이고, 종에 따라서는 늦가을이
될 때까지 꽃을 피워준다.

식물 디자인 요령

키는 0.3~2m에 이를 정도로 다양하다. 대부분 꽃이 노란색이지만
재배종이 개발되어 빨간색, 분홍색, 주황색, 겹꽃 등도 있어 다양한
선택이 가능하다. 키가 크던 작던 꽃 자체가 워낙 눈에 띄기 때문에
명백하게 하이라이트 식물이다. 여기에 맞는 보조 식물을 색과
형태로 잘 선택하면 유화 그림과 같은 화려한 색의 조합이 가능하다.

- **추천 혼합 식물**: 베르베나 보나리안시스(보라색 꽃 대비), 체리세이
  지(분홍색 꽃 대비), 칸나(큰 잎과 주황색 꽃), 수크령(고은 잎과 이삭의
  조화)을 조합해 가늘고 고은 여름 화단 연출이 가능하다.
- **추천 재배종**: 다년생인 H. tuberosus 'Lemon Queen', H. salicifolius
  'Golden Pyrmid'는 꽃의 크기는 작지만 밀집되어 피어나고,
  눈부신 노란색 꽃을 피워준다.

Helichrysum
헬리크리슘

600여 종이 포함돼 있는 큰 그룹의 식물군이다. 일년생 혹은 다년생의 초본은
물론 관목형도 존재한다. 아프리카, 호주, 유럽과 아시아 등의 다소 건조한
기후에서 자생하고 있다. 그중 *H. italicum*은 흔히 '커리플랜트(Curry plant)'라고
불리는데 잎에서 나는 향이 커리 향기와 비슷하기 때문이다. 줄기에서 추출한
오일을 향수의 원료로 사용한다. 햇볕을 좋아해서 양지바른 화단이 적합하고
가뭄에는 강하지만 축축하고 바람이 많이 부는 곳에서는 자생력이 떨어진다.
꽃이 피는 시기는 7~9월이다. 다년생이라 할지라도 겨울 추위에 약해서
우리나라에서는 월동이 힘들 수도 있다.

식물 디자인 요령

키는 60~90cm에 이른다. 초본의 형태라 할지라도 관목처럼
풍성하게 자라는 특징이 있어 초본식물 화단에서 큰 볼륨을
만들어준다. 은청색 잎은 초록의 무거움을 덜어주어서 화단을
전체적으로 화사하게 만들어준다. 노란색 꽃이 하이라이트가
돼주지만, 꽃이 없이도 은청색 촘촘한 잎이 화단에 색채를 만들어준다.

· **추천 혼합 식물**: 타임(보라색 꽃), 로즈마리(비슷한 느낌의 허브),
  라벤더(은청색의 비슷한 잎), 배초향(보라색 꽃), 라벤더(보라색 꽃)와
  혼합하여 은청색 차분한 색의 정원 연출이 가능하다.
· **추천 재배종**: *H. splendidium*은 남아프리카 자생의 헬리크리슘이
  고, *H. gymnocephalum*은 아프리카 마다가스카르 자생이다.

Helleborus
헬레보루스

....

20여 종의 식물이 포함돼 있는 군이다. 다년생 초본식물로 추위에 강해서
월동되는 지역이 많다. 유럽과 아시아, 발칸 지역에서 자생하고 있다.
헬레보루스라는 이름은 고대 그리스어로 '사슴 과의 동물이 먹는 풀'을 뜻한다.
그러나 먹이가 되기도 하지만 독성이 있어, 이 독성이 병을 치료하는 데
쓰이기도 한다. 그늘을 좋아하고 부드러운 유기물의 흙을 좋아해서 매년
두툼한 멀칭이 필요하다. 겨울철에 장미와 같은 꽃을 피워서 '윈터 로즈' 혹은
'크리스마스 로즈'로도 불린다.

식물 디자인 요령

초본식물이지만 관목과 비슷하게 땅에서부터 여러 줄기가 나와
풍성하게 자란다. 장미와 닮은 흰색, 연두색, 연한 분홍색 꽃을
11월에서 2월 사이에 피운다. 잎과 줄기에 색상을 띠고 있고,
잎 자체도 톱니가 들어간 별 모양이어서 동면기에 들어가는
늦가을부터 겨울, 다음해 이른봄까지 화단을 지켜주는 귀한
식물이다.

- **추천 혼합 식물**: 다프네(만리향, 관목), 자작나무(교목, 흰색 줄기),
  눈주목(키 작은 상록), 히어리(관목, 구불거리는 가지) 등과 함께 심어
  겨울 정원 연출이 가능하다.
- **추천 재배종**: 'Wedding Party Series'와 'Winter Jewels Series'가 가장
  잘 알려진 재배종이다. 'Gold Finch'와 'Golden Lotus'는 노란색
  꽃을 피우고 'Kingston Cardinal'과 'Onyx Odyssey'는 짙은
  보라색 꽃을 피운다. 'Red Racer'는 짙은 빨간색 꽃을 피운다.

Hemerocallis
헤메로칼리스

우리나라, 중국, 일본 등 아시아 지역에 자생하는 다년생 초본식물군이다.
헤메로칼리스는 그리스어로 '(하루, day)', '(아름답다, beautiful)'의 뜻으로 꽃이
피는 시기가 하루 정도로 짧기 때문에 생겨난 이름이기도 하다. 햇볕을
좋아하고, 가뭄에 강한 편이다.

우리나라에서 자생하는 *H. fulva*는 '원추리'로 불린다. 키우는 데 큰 어려움이
없지만 봄철 줄기에 진딧물이 잘 낀다. 진딧물은 식물을 죽일 정도의 해충은
아니지만 미관상 보기 싫다면 호스 물로 털어주는 것도 좋다.

식물 디자인 요령

키는 60~90cm에 이른다. 품종이 워낙 많이 개발되어서 8만여 종이
넘는다. 백합과 비슷한 꽃을 피우고, 트럼펫을 닮은 특유의 모양과
화려하고 선명한 색상으로 초여름 대표적인 하이라이트 식물이다.

· **추천 혼합 식물**: 털수염풀(가늘고 고운 갈대잎), 가우라(키가 크고
  한들거리는 줄기와 흰색, 분홍색 꽃), 살비아(보라색 꽃), 델피니움
  (보라색 꽃)과 혼합하면 초여름 보색대비가 뚜렷한 화단 디자인이
  가능하다.
· **추천 재배종**: *H.* 'Bess Ross'는 키가 90cm에 이를 정도로 크고 진한
  빨간색 꽃을 피운다. *H.* 'Catherine Woodbury'는 연한 분홍색과
  노란색의 심이 있고, *H.* 'Crimson Pirate'는 75cm 키에 진한
  자주색 꽃을 피운다. *H.* 'Ruffled Apricot'는 70cm 키에 연어색
  꽃이 피고 어둡고 진한 붉은색 꽃으로는 *H.* 'Stafford'도 있다.

Heuchera
헤우케라(휴케라)

북아메리카에 자생지를 두고 있는 다년생 초본식물군이다. 일부는 잎이
겨울에도 떨어지지 않고 상록으로 남기도 한다. 학명은 독일의 내과의사
요한 하인리히 폰 흐허(Johann Heinrich von Heucher, 1677~1746)의 이름에
서 비롯됐다. 자생지의 조건이 매우 상이한 것도 특징이다. 바람이 부는 고산
지대 암벽 틈에서도 자라고, 그늘에 강하지만 멕시코 등의 따뜻하고 건조한
곳에서도 자생한다. 7~8월에 가늘고 긴 꽃대가 올라와 작은 꽃을 피운다.

식물 디자인 요령

잎의 색상이 일반적인 초록 외에도 분홍색, 자주색, 갈색 등으로
다양하고, 잎에 특별한 잎맥의 무늬를 지닌 종도 많다. 지면을 덮어
줄 수 있기 때문에 화단의 좋은 배경이 돼준다.

- **추천 혼합 식물**: 호스타(무늬 있는 종), 아스틸베(분홍색, 흰색 꽃),
  고사리, 둥글레(흰색 줄무늬 잎)을 함께 심어 진하면서도 묵직한
  그늘에 강한 화단 연출이 가능하다.
- **추천 재배종**: 버건디 색상의 잎을 지닌 H. 'Amethyst Myst'는
  축축함을 좋아한다. H. 'Autumn Leaves'는 가을이 되면 잎이 점점
  붉게 물들고, H. 'Bella Notte'는 아주 진한 보라색 잎을 지녔다.
  H. 'Black Taffeta'는 진한 보라색 잎의 끝이 쪼글거리는 형태이고,
  H. 'Caramel'은 연한 녹색에 빨간 잎맥이 선명하다.

Hosta
호스타

한때 과학적으로 백합 과에 분류된 적도 있지만 지금은 호스타 속으로
분리된다. 우리나라, 중국, 일본 등에 자생지를 두고 있는 다년생 초본식물군
이다. 추위에 강한 편이고 일부 난대 지역에서도 상록으로 자생한다. 학명은
오스트리아의 식물학자 니콜라우스 토마스 호스트(Nicolaus Thomas Host,
1771~1834)'의 이름에서 비롯됐다. 우리나라에서는 옥비녀를 닮았다는 뜻에서
'옥잠화(*H. plantaginea*)'로 불리는 종과, '비비추(*H. longipes*)' 종이
대표적이다. 음지에 강한 식물이어서 그늘진 화단 조성에 좋다. 꽃이 피는
시기는 7~8월이지만 개화기간이 매우 짧다.

식물 디자인 요령
잎을 보는 대표적인 관상 식물이다. 우리나라 자생종도 있지만
대부분 유럽에서 재배종이 개발되었다. 잎의 색상, 무늬가 다양해서
꽃만큼 아름다운 잎의 식물 디자인이 가능하다. 그늘 화단에는 특히
푸른색과 흰색, 보라색을 조합시키면 좀 더 시원하면서도 매력적인
색의 연출이 가능해진다.

- **추천 혼합 식물**: 무늬둥글레(흰색 줄무늬 잎), 은방울꽃(흰색 꽃),
  아스틸베(분홍색 꽃)와 함께 그늘 화단 조성이 가능하다.
- **추천 재배종**: *H.* 'Age of Gold'는 노란색 잎을 지녔고, 잎에 푸른색
  이 강한 종은 *H.* 'Blue Hawaii'이고, 가장자리에 흰색 무늬가
  선명한 *H.* 'Blue Ivory', 짙은 초록색과 연한 초록색이 섞여 있는
  H. 'Angel Falls'가 있다.

Hydrangea
히드랑게아

엄밀하게는 초본식물이 아니라 작은 나무인 관목으로 구별된다. 하지만
부드러운 줄기와 큰 잎을 지니고 있어 초본식물 화단에 잘 활용된다.
낙엽이 지는 종도 있지만 상록의 형태도 많다. 약 70여 종이 포함돼 있다.
워낙 형태가 다양해서 우리나라에서는 목수국, 산수국, 재배수국 등으로
분류가 된다. 히드랑게아라는 말 속에는 '물'과 '배'라는 의미가 들어 있다.
물을 아주 좋아하는 식물이고, 그늘을 좋아한다. 그러나 햇볕을 좋아하는 종도
많아 선택지가 다양하다. 꽃이 피는 시기는 7~8월이다.

식물 디자인 요령

키는 0.3~1.3m에 이를 정도로 다양하다. 커다란 잎을 지닌 종도 있고
관목 형태로 나뭇가지가 발달해 가지 끝에 꽃을 피우는 종도 있다.
키, 형태, 꽃의 색상이 워낙 다양하기 때문에 화단의 주제에 맞게
종을 잘 선택하는 것이 중요하다.

· **추천 혼합 식물**: 워낙 크게 자랄 수 있어 무리지어 너른 장소에
  심어주는 것이 효과적이다. 화단에서는 호스타, 고사리, 둥글레와
  함께 심어 그늘 화단 디자인이 가능하다.
· **추천 재배종**: 떡갈잎수국군(떡갈잎을 닮은 잎), 큰잎수국군
  (잎 자체가 굉장히 크고 뚜렷한 하트 모양), 패니클수국군(꽃이
  라일락처럼 이삭 모양으로 피어난다), 스무스수국군(잎과 꽃의 선이
  부드럽고 꽃이 크다), 덩굴수국군(덩굴로 올라가며 자란다),
  산수국군(흰색의 레이스를 닮은 꽃) 등이 있다.

Iris
이리스(아이리스)

300여 종이 포함돼 있는 다년생 초본식물군이다. 북반구 온대 지방에서
자생하고 있고, 산악 지대는 물론 건조한 기후에서도 잘 자란다. 학명은
그리스어로 '무지개'라는 뜻이다. 우리나라에서는 꽃봉오리를 피우기
전 모습에서 이름을 딴 '붓꽃'으로 불린다. 이리스는 뿌리의 형태가 리좀 타입과
알뿌리 타입이 있다. 종에 따라서 햇볕을 좋아하는 종도 있지만 습기와 물가를
대부분 좋아한다. 6만여 종이 넘을 정도로 재배종이 개발되어 선택할 수 있는
색상과 형태가 다양하다. 5~6월에 꽃을 피운다.

식물 디자인 요령
독일 붓꽃 I. germanica는 꽃잎이 크고 쪼글거리는 특징이 있고
햇볕을 좋아한다. 크레스트 붓꽃 I. cristata는 미국 붓꽃으로 키가
작으면서도 꽃잎이 별처럼 벌어지고 반그늘을 좋아한다. 네덜란드
붓꽃 I. x hollandica는 알뿌리의 형태이면서 꽃잎이 매우 단정하고
키가 크다. 시베리안 붓꽃 I. sibirica, I. sanguinea는 건조한
조건에서도 잘 견딘다. 우리나라에서 노랑꽃창포로 알려진
I. pseudacorus는 물가 혹은 습기가 많은 지역에서 자란다.
거의 모든 종류의 색상이 가능하기 때문에 색으로 식물 디자인을
하는 데 유용하다.

· **추천 혼합 식물**: 아스틸베, 헤우케라, 앵초 등과 함께 그늘 화단
  조성이 가능하다. 햇볕이 강한 곳에서는 패랭이, 털수염풀,
  디기탈리스, 앙겔로니아 등을 조합한 식물 디자인도 좋다.

Jacobaea maritima
야코베아 마리티마

일년생 혹은 다년생으로 지중해, 아프리카, 그리스 등에서 자생하고 있는 식물군이다. 초본식물 혹은 관목형으로 자랄 수 있는데 추위에 약하기 때문에 추위가 심한 곳에서는 다년생도 일년생으로 성장을 마친다. 햇볕을 좋아하고, 가뭄에 강하다. 식물의 줄기와 잎 전체가 은색으로 덮여 있어서 영어권에서는 '더스티 밀러(Dusty miller)'로, 우리나라에서는 '백묘국'으로 부른다. 한때는 학명이 *Senecio cineraria*로 분류됐지만 유전적 차이점에 의해 최근에는 *J. martima*로 따로 분리되었다. 꽃이 피는 시기는 7~8월이다.

식물 디자인 요령

줄기와 잎이 전체적으로 은색을 띠고 있어서 맑고 경쾌한 정원 연출에 빠질 수 없는 식물이다. 한여름에는 레이스처럼 퍼진 노란색 꽃을 피워서 하이라이트도 돼준다. 흰색이 들어간 잎은 특히 화이트 식물 디자인에 매우 중요한 요소다. 청색 혹은 흰색 무늬를 가진 식물과 혼합하여 쓰면 밝으면서도 온화한 식물 연출이 가능해진다.

- **추천 혼합 식물**: 라벤더(청색 잎, 보라색 꽃), 은사초(청색 잎), 델피니움(보라색 꽃), 블루세이지(은청색 잎과 보라꽃), 억새(흰줄 줄무늬 잎), 은쑥과 함께 조합하여 은청색의 부드러운 여름 화단 연출이 가능하다.
- **추천 재배종**: *J.* 'Cirrus'는 잎이 넓고 형태가 굵직하고, 'Silver Race' 는 가늘게 갈라져 있어 부드럽다. 'Silver Dust'는 흰색이 매우 진하다.

Jasminum nudiflorum
야스미눔 누디플로룸(재스민)

재스민은 관목 혹은 덩굴로 자라는 열대, 온대성 기후 지역에서 자생하는 식물군이다. *J. nudiflorum*은 온대성 기후 지역에서 11월에서 3월 사이에 개나리와 비슷한 꽃을 피운다. 그러나 추위에 약할 수 있어 우리나라 상당 지역에서 월동이 어렵다. 영어권에서는 겨울에 꽃을 피운다는 의미에서 '윈터 재스민(Winter jasmine)'이라 불린다. 잎이 나기 전 꽃을 피우기 때문에 학명 속에 '옷을 입지 않은 꽃(naked flower)'이라는 뜻이 들어 있다. 덩굴의 특징이 있어 두 줄기를 꼬아 올라가며 자란다. 봄에 꽃이 지고 나면 바로 줄기를 바짝 잘라야 다음해 다시 꽃을 볼 수 있다. 햇볕을 좋아해서 양지바른 화단에 적합하다. 우리나라에서는 봄을 맞이하는 꽃이란 의미로 '영춘화'로도 불린다.

식물 디자인 요령

줄기를 꼬며 자라는 덩굴 형태지만 잘 잘라주어 소담하게 키울 수 있다. 화단에서 초본식물과 함께 유용하게 연출이 가능하다. 노란색, 분홍색, 흰색의 꽃이 있지만 대부분은 개나리와 같은 색상이 많다. 초봄에 아주 유용한 하이라이트 식물이다. 벽에 붙여서 3m 가깝게 키를 키워 연출하기도 한다.

· **추천 혼합 식물**: 아유가(자주색 잎), 수선화(노란색 혹은 흰색 꽃)와 함께 혼합하여 초봄의 '노랑 화단'의 색 정원 연출이 가능하다.

Kniphofia
크니포피아(니포피아)

아프리카 자생의 다년생 초본식물군이다. 영어권에서는 생긴 모양이
타오르는 불꽃 같아서 '토치 릴리(Torch lily)'로도 불린다. 늦봄부터 가을이
될 때까지 오랫동안 꽃을 피워준다. 아프리카 자생의 식물이라 건조함에
강하고, 모래가 섞인 물빠짐이 좋은 흙을 선호한다. 잎이 가늘고 뾰족한
반면, 줄기가 매우 강하게 솟구쳐 그 위에 불꽃 모양의 꽃을 피워내 화단을
강렬하게 빛내주는 식물이다. 꽃이 피는 시기는 5~6월이다.

식물 디자인 요령

키는 0.1~1.8m에 이를 정도로 품종에 따라서 차이가 많이 난다.
꽃의 색상이 주황, 빨강, 노랑 등 원색인 데다 불꽃을 닮아서 키가
큰 종은 마치 햇불을 켜놓은 것과 같은 효과가 생긴다. 날씬하고
잎이 매우 가늘고 길쭉해서 낱개로 쓰기보다는 5~10포기를
그룹으로 묶어 심어주는 것이 효과적이다.

- **추천 혼합 식물**: 헬레니움(주황색 꽃), 아스테르(보라색 꽃,
  가을), 라벤더(은색 잎과 보라색 꽃), 살비아(보라색 꽃과 청색 잎)와
  혼합하여 강렬한 보색대비가 일어나는 초여름 화단 연출이
  가능하다.
- **추천 재배종**: K. 'Alcazar'는 오렌지빛 꽃을 피우고, K. 'Bees' Lemon'
  은 연두색에 노란색이 혼합된 꽃을 피운다. K. 'Buttercup'은
  황색에 노란색이 섞인 선명한 색상이고, K. 'Elvira'는 진한 빨간색
  과 황색이 섞인 색이고, K. 'Tawny King'은 크림색 꽃이 피는데
  줄기가 진한 밤색이어서 대조를 이룬다.

Plant Identification

L·M·N

Lavandula

Liatris

Lilium

Liriope

Lupinus

Lychnis

Lycoris

Lysimachia

Mukdenia rossii

Muscari

Myosotis

Narcissus

Nicotiana

Nigella

Lavandula
라반둘라(라벤더)

47여 종이 포함된 지중해 연안을 자생지로 두고 있는 식물군이다.
관목으로 자라지만 부드러운 줄기와 잎, 꽃이 초본식물 화단과 잘 어울린다.
학명는 라틴어로 '씻다'라는 의미다. 고대 로마 제국 때부터 목욕, 세탁 등의
방향제로 사용했던 것으로 알려져 있다. 종에 따라서 꽃의 모양과 특유의 향기
농도가 다르다. 가뭄에 강하고 햇볕을 좋아한다. 습한 곳에 심게 되면 뿌리가
썩고 세력이 약해진다. 약알칼리성을 좋아하는 식물이기도 하다. 꽃이 피는
시기는 7~8월 한여름이다.

식물 디자인 요령

키는 30~50cm에 이른다. 잎은 작지만 톱니가 있고 색상에
청색, 은색이 들어 있다. 위로 솟은 줄기 끝에서 꽃이 피어난다.
꽃의 색감은 흰색, 보라색, 분홍색이고, 꽃의 형태가 토끼의 귀처럼
펼쳐지는 종은 '프렌치 라벤더'다. 자갈을 덮어 마감하는 가뭄에
강한 자갈정원 연출에 좋은 식물이기도 하다.

- **추천 혼합 식물**: 살비아, 로즈마리, 크로코스미아(붉은색 꽃),
  털수염풀 등을 혼합하여 자갈정원 연출이 가능하다.
- **추천 재배종**: 잉글리시 라벤더는 *L. angustifolia* 종이고, 프렌치와
  스페니시 라벤더는 *L. stoechas, L. lanata, L. dentata* 종이다.
  네덜란드 라벤더는 *L. x intermedia, L. Stoechas 'Ballerina'*(흰색 꽃),
  L. Stoechas 'Kew Red'(연분홍+진분홍색 꽃), *L. x intermedia*
  'Grosso'(진한 보라색 꽃) 종이다.

Liatris
리아트리스

북아메리카를 자생지로 두고 있는 다년생 식물군이다. 아스테르와 같은 과의
식물로 햇볕을 좋아하고, 뜨거운 열기를 잘 견딘다. 7~9월에 꽃을 피운다.
쭉 뻗은 줄기 끝에 꽃이 피어나는데 길쭉하면서도 풍성하다. 비교적 키우기
쉬운 편이지만 추위에 약한 종의 경우는 겨울철 두툼하게 멀칭을 해주는 것이
좋다. 꽃이 지고 난 후 열매가 맺히는데, 이때 꽃대 윗부분에서 진 꽃을 잘라주면
다음 꽃이 피어나는 데 도움이 된다.

식물 디자인 요령

품종의 특성에 따라 0.6~1.2m로 아주 키가 큰 초본식물이다.
주로 초원에서 자생하는 성격 때문에 특히 사초류의 식물과 심었을
때 잘 어울린다. 꽃에 비해 잎이 작고 촘촘하지 않기 때문에 하부에
잎이 큰 식물과 혼합시키면 좋다. 키가 지나치게 큰 경우는 꺾이는
증상이 심해 키가 작은 재배종을 고르는 것도 요령이다. 낱개로
쓰기보다는 3~4포기를 모아서 심어야 그 형태가 뚜렷해진다.

- **추천 혼합 식물**: 억새(모닝라이트), 크로코스미아(빨간색 꽃),
  수크령(곱고 가는 잎), 아킬레아(흰색 꽃과 잎)와 함께 초원풍 식물
  연출이 가능하다.
- **추천 재배종**: 대부분 *L. spicata*에서 품종이 개발되었다. 'Floristan
  Weiss'는 흰색 꽃을 피우고, 'Floristan Violet'은 진한 보라색
  꽃을, 'Kobold'는 진하고 연한 분홍색이 혼합돼 있고, 'Alba'는
  커다란 꽃에 별 모양의 흰색 꽃이 풍성하다.

Lilium
릴리움

지구 대륙의 온대성 기후에서 골고루 분포하고 있는 다년생 초본식물군이다. 학명 속에 '진짜, 꽃'이라는 의미가 있을 정도로 왕실과 귀족의 문장으로 쓰이는 등 귀하게 대접받던 식물이다. 그만큼 인간에 의해 재배된 역사도 길고 품종도 다양하다. 우리나라에서는 '백합'이라는 이름으로 불린다. 꽃이 트럼펫 모양으로 피고 워낙 크기가 크고, 형태가 뚜렷한 데다 종에 따라서 매우 강한 향을 뿜어 '꽃 중의 꽃'으로 불린다. 추위에 강한 편이라 우리나라 전역에서 월동이 대부분 가능하다. 가뭄에 강하고, 흙 자체는 물빠짐이 좋아야 한다. 키가 크고 꽃의 무게가 있는 탓에 지지대가 필요하다. 우리나라 자생종으로는 *L. lancifolium*이 있는데 영어권에서는 '타이거 릴리(Tiger lily)'로, 우리나라에서는 '참나리'로 불린다.

식물 디자인 요령
워낙 큰 꽃과 키를 지니고 있어 낱개로도 존재감이 뚜렷하다. 무리지어 심기보다는 다른 식물과 산발적으로 혼합하여 심으면 다소 무거운 형태를 완화시킬 수 있다.

- **추천 혼합 식물**: 톱풀(흰색 꽃), 억새(흰색 줄무늬 잎), 베르베나 보나리안시스(보라색 꽃), 코스모스(흰색 꽃)
- **추천 재배종**: '아시안틱 릴리'는 이른 시기인 5~6월에 꽃을 피우고, '오리엔탈 릴리'는 커다란 분홍색 꽃에 흰색으로 꽃잎 끝이 장식돼 있고 향이 매우 진하다. '트럼펫 릴리'는 꽃의 트럼펫 형태가 뚜렷하고, '터크스 캡 릴리'는 주황색에 검은 반점이 있으면서 꽃잎이 뒤로 꺾이는 형태로 독특하다.

Liriope
리리오페

우리나라를 포함한 대만, 중국, 일본, 남아메리카 등에 자생지를 두고 있는
다년생 초본식물군이다. 우리나라에 자생지의 맥문동(*L. platyphylla*)도
이 식물군에 속해 있다. 큰 나무 밑에 심어주는 하부 식물로 잘 활용된다.
무스카리를 닮은 *L. muscari*와 *L. spicata*에서 재배종이 많이 개발되었다.
재배종에 따라 꽃의 크기와 잎의 무늬가 달라진다. 진흙을 좋아하고
그늘에 상당히 강하지만 햇볕에서도 어느 정도 견뎌준다. 꽃은 6~7월에
보라색, 흰색으로 피어난다.

식물 디자인 요령
키는 15~20cm 정도로 자란다. 대량으로 촘촘히 큰 나무 밑에 가득
심어 숲 속 분위기의 정원 연출을 할 수 있다. 화단에서는
가장자리 식물로 끝선을 깔끔하게 정리해준다. 솟아오르는
하이라이트 식물과 함께 연출하면 깔끔하면서도 정갈한 숲 속
분위기의 식물 디자인이 가능해진다.

- **추천 혼합 식물**: 튤립(진한 자주색 꽃), 아유가(진한 자주색 꽃),
  봄맞이(흰색 꽃), 무스카리(보라색 꽃)와 함께 심어 차분한 보라와
  초록의 봄 화단 연출이 가능하다.
- **추천 재배종**: *L. muscari*에서 재배된 'Majestic'은 라일락과 닮은
  보라색 꽃을 피운다. 'Christmas Tree'는 밝고 연한 라벤더색
  꽃을 피우고, 'Evergreen Giant'는 잎이 두툼하고 견고하다.
  L. spicata 'Silver Dragon'은 잎에 흰색 줄무늬가 있고 은빛을 띤다.

Lupinus
루피누스

200여 종이 포함돼 있는 남아프리카, 지중해에 자생지를 두고 있는 초본식물군
이다. 일부는 3m가 넘는 관목형으로도 자란다. 대부분은 일년생의 주기로 산다.
콩 과(Legume)에 속한 식물로 햇볕을 좋아하고, 추위에 약하기 때문에 추위가
완전히 사라졌을 때 심는 것이 좋다. 일년생이지만 1.6m에 이를 정도로 키가
크고 풍성하다. 잎이 촘촘하고, 꽃은 크고 화려하게 포도송이처럼 매달린다.
꽃이 피는 시기는 5~6월이다.

식물 디자인 요령

볼륨감이 있기 때문에 초본식물 화단에 중심을 잡아주는 역할을
한다. 워낙 눈에 띄는 색감과 꽃 모양을 지니고 있어 지나치게 많이
쓸 경우에는 자연스러운 화단 연출이 어려울 수 있다. 가늘고 고운
잎을 지닌 사초류와 함께 써서 자칫 지나치게 화려해지는 화단을
가볍게 처리하는 것도 좋은 방법이다.

- **추천 혼합 식물**: 억새(모닝라이트), 수크령, 체리세이지(작고 고은
  꽃과 잎), 펜스테몬(분홍색 작은 꽃)과 함께 디자인하면 초여름
  화려한 분홍 화단이 만들어진다.
- **추천 재배종**: *L.* 'Cashmere Cream'은 90cm 키에 이르고 크림색과
  연한 분홍색이 혼합된 꽃을 피운다. *L.* 'Rachel de Thame'도 90cm
  키에 흰색과 연한 분홍색이 결합된 꽃을 피운다. *L.* 'The Page'는
  짙은 밤색과 빨간색이 혼합된 꽃이 피우고, 전체가 맑은 노란색으로
  꽃을 피우는 재배종으로는 'European Yellow'가 있다.

Lychnis
릭니스

북아프리카, 남유럽, 중앙아시아에 자생지를 두고 있는 20여 종이 포함된
이년생 혹은 짧게 다년으로 사는 초본식물군이다. 초본이지만 관목을
연상시킬 정도로 볼륨감이 있다. 햇볕을 좋아하고, 영양분을 많이 필요로
하지 않기 때문에 암석, 자갈정원에도 적합하다. 추위를 잘 견디기 때문에
우리나라의 기후에서도 잘 자란다. 단, 짧은 생명주기를 가졌기 때문에
매년 화단에 보강을 해주어야 한다. 대신 한 번 꽃을 피우면 7~9월에
지속적으로 꽃을 피워주고, 매우 선명한 꽃과 잎을 지니고 있어 빼놓을 수
없는 여름 화단의 하이라이트 식물이다. 우리나라에서는 *L. cognata* 종을
'동자꽃'이라고 부른다.

식물 디자인 요령

키는 80cm 내외로 풍성하게 자란다. 잎에 은청색을 지닌 품종은
꽃이 없을 때에도 화단은 밝게 지켜준다. 분홍색과 흰색의 꽃을
피우는데 꽃 자체가 크지 않고 흩어지듯 피어나서 자칫 부담스러울
수 있는 볼륨을 자연스럽게 만들어준다. 초원풍 화단, 생태정원,
자갈정원, 암석정원 등에 활용하기 좋다.

- **추천 혼합 식물**: 아킬레아(흰색 꽃), 안티르히눔(보라색, 흰색 꽃),
  라벤더(보라색 꽃)를 혼합하면 자연스러운 초원풍 정원 느낌이
  강해진다.
- **추천 재배종**: *L. coronaria* 'Alba'는 작은 흰색 꽃을 피우고,
  L. chalcedonica 'Maltese Cross'는 진한 붉은색 꽃을 피운다.

Lycoris
리코리스

20여 종의 식물종이 포함돼 있는 다년생 식물군이다. 우리나라를 포함한
중국, 일본 등과 동남아시아에 자생지를 두고 있다. 영어권에는 '허리케인 릴리
(Hurricane lily)' 혹은 '스파이더 릴리(Spider lily)'로 불린다. 우리나라에서는
'꽃무릇'으로 불리는 *L. radiata* 종과 '상사화'로 불리는 *L. squamigera* 종이 많이
보급돼 있다. 두 종 모두 리코리스 속이다. 햇볕을 좋아하는 편이지만 반그늘
상태에서도 잘 자라 큰 나무 밑에 심어 연출하기도 한다. 추위에 조금 약하기
때문에 극심한 겨울 추위에서는 월동이 어려울 수도 있다. 꽃은 늦여름부터
초가을 사이에 피어난다.

식물 디자인 요령

키는 30~70cm 정도로 자란다. 잎은 수선화처럼 아치형으로
구부러지거나 시들 때가 많아서 지면을 덮어주는 효과가 크지 않다.
대신 꽃대가 높게 솟아오른 뒤, 마치 거미의 다리를 연상시키는
커다란 꽃을 피워주어 꽃이 적은 늦여름과 초가을에 아주 좋은
하이라이트 식물이 돼준다.

- **추천 혼합 식물**: 크로코스미아(빨간색 꽃), 리아트리스(보라색 꽃),
  백합(진한 자주색 꽃), 털수염풀, 억새(그라실리무스)와 함께
  조합하여 늦여름 화사한 화단 연출이 가능하다.
- **추천 재배종**: *L. sprengeri* 'Electric Blue Spider'는 푸른빛이 들어간
  분홍색 꽃을 *L. aurea* 'Golden Spider Lily'는 노란색 꽃을 피운다.
  L. squamigera 'Resurrection Lily'는 연한 분홍색 꽃을, *L. albiflora*
  'White Spider Lily'는 흰색 꽃을 피운다.

Lysimachia
리시마키아

200여 종이 포함돼 있는 초본식물군이다. 프리물라 과에 속해 있어서
그늘이나 물가에서 잘 자라지만, 일부 종은 햇볕과 건조함에도 잘 커준다.
온대성 기후 지역의 초원이나 숲 속이 자생지이다. 학명은 시실리의 왕이었던
리시마쿠스(Lysimachus, BC361?~BC281)의 이름에서 유래되었다. 습한
곳에서 자라는 리시마키아는 노란색 꽃을 피우고, 초원의 건조한 곳에서
자라는 종은 짙은 보라색 혹은 자주색 꽃이 많다. 다년생이지만 생명주기가
매우 짧아 일년생으로 보는 것이 좋다.

식물 디자인 요령
날씬하게 솟아오르는 형태를 지니고 있어 낱개로 쓰기보다는
무리지어 심어야 형태와 색이 뚜렷해진다.

- **추천 재배종**: *L. atropurpurea* 'Beaujolais'는 꿀풀 모양의 짙은
  보라색 꽃을 피워 자연스러운 초원풍 화단 연출에 좋다. 습기에
  강한 *L. nummularia* 종은 잎이 촘촘하고 늘어진다.
  꼬리풀이 더욱 풍성한 종으로는 *L. clethroides*가, *L. punctata*
  'Alexander'는 밝은 노란색 꽃을 피운다.
- **추천 혼합 식물**: 짙은 자주색 꽃을 피우는 *L. atropurpurea*
  'Beaujolais'와 함께 아킬레아(흰색 꽃), 크로코스미아(빨간색 꽃),
  털수염풀, 억새(모닝라이트)를 함께 심으면 초원풍의 자연스러운
  하단 연출이 가능하다.

Mukdenia rossii
묵데니아 로시이

우리나라와 중국의 산악 지대에서 자라는 다년생 식물군이다. 추위에 강해서
우리나라 전역에서 월동이 가능하다. 북아메리카에 자생지를 두고 있는
헤우케라(*Heuchera*)와 비슷하게 생겼다. 잎의 모양이 단풍을 닮았다고
해서 우리나라에서는 '돌단풍'으로 불린다. 이른봄 밤색을 띠는 초록의 잎이
뭉쳐서 생겨난 뒤, 잎이 펼쳐지며 완전한 초록색으로 변하고, 가을이 되면
버건디색으로 다시 변화가 찾아온다. 꽃은 흰색에 작고 별을 닮은 형태로
레이스를 펼친 듯 피어난다. 가뭄에 강하고, 햇볕을 좋아하기는 하지만 오후의
서향 빛이 많이 드는 곳에서는 잎이 타들어 갈 수 있다. 개화시기는 4~5월이다.

식물 디자인 요령
잎이 크고, 형태가 선명하면서 색상에 변화가 뚜렷해 일시적으로
피어나는 꽃보다 잎을 이용한 디자인에 좋다. 그늘에도 강한 편이고,
바위 틈에서도 잘 자라기 때문에 암석정원, 자갈정원에도 잘
어울린다. 덩치가 있는 식물이기 때문에 화단 속에서 자리를 꽤
차지하므로 위치 선정에 주의해야 한다. 모아 심기보다는
분산하여 화단 속에서 균형을 맞추는 것이 좋다.

- **추천 혼합 식물**: 하코네클로아(사초), 호스타, 야생 생강, 고사리
  등과 함께 심어서 그늘에 강한 화단을 조성할 수 있다.
- **추천 재배종**: *M.* 'Karasuba'는 부채 모양의 자주색 잎을 지니고
  있고, *M.* 'Starstream'은 잎 자체에 무늬가 있다.

Muscari
무스카리

온대 기후 지역에서 자생하고 있는 다년생 알뿌리 형태의 초본식물이다.
300여 종이 포함돼 있고 대부분은 아시아의 캅카스 지방 근처가
자생지이지만 *M. botryoides*, *M. comosum*은 지중해에서 자란다.
특히 재배종이 많이 발달된 종은 *M. armeniacum*이다. 추위에 강한 편이라
우리나라에서도 대부분 지역에서 월동이 가능하다. 꽃의 크기는 20cm
미만이지만 꽃이 워낙 촘촘하게 피어나고 향기가 좋아서 정원 식물로 빼놓을
수 없다. 햇볕을 좋아하지만 그늘을 좀 더 선호한다. 개화시기는 4~5월이다.

식물 디자인 요령
진한 푸른색, 보라색, 흰색으로 꽃이 피어난다. 워낙 키가 작은
식물이기 때문에 홀로 심으면 효과가 없고 적어도 25포기 이상
묶음으로 심어주는 것이 좋다. 큰 낙엽수 밑에 심어 봄에 꽃이
무리지어 피어나게 해도 좋고, 화분에 심어도 좋다.

- **추천 혼합 식물**: 튤립(주황색 꽃, 보색대비), 아유가(진한 자주색 잎,
  배경 식물), 튤립(진한 자주색, 비슷한 컬러로 톤이 다르게)을 함께
  혼합하여 봄의 화단 구성이 가능하다.
- **추천 재배종**: *M. armeniacum* 'Saffier' 종은 보라색과 파란색을 섞은
  듯한 꽃이 피고, 'Valerie Finnis'는 짙은 파란색, *M. aucheri* 'Ocean
  Magic'은 푸른색(하부)과 흰색(상부)의 향기가 진한 꽃을 피운다.
  같은 종 'White Magic'은 흰색 꽃을, *M. latifolium*은 아주 진한
  보라색 꽃을 피운다.

Myosotis
미오소티스

....

유럽, 아시아에 자생하는 일년생 식물로 꽃은 파란색, 흰색, 분홍색으로 피고,
전체 식물의 키는 15~30cm 정도에 이른다. 일년생과 다년생이 있지만
다년이라 해도 짧은 해를 산다. 햇볕에 강한 편이지만 물가에서 자라거나
습기를 좋아하는 종도 많다. 속명은 그리스어로 '쥐의 귀'라는 뜻으로 꽃이 아니라
잎의 생김에서 유래된 말이다. 영어권에서는 '포켓미낫(Forget-me-not)'으로
불리기도 하는데 1398년 독일에서부터 시작된 이름이다. 우리나라에서도
이를 번역하여 '물망초'라는 이름으로 불린다. 씨앗으로도 발아가 잘된다.
꽃이 피는 시기는 4~5월이다.

식물 디자인 요령
잎과 꽃이 촘촘해서 땅을 덮어주는 효과가 매우 뛰어나다. 화단의
구성에는 솟아오르는 식물도 중요하지만 흙을 촘촘하게 덮어주는
역할을 하는 식물이 꼭 필요하다. 물망초, 아유가, 봄맞이 등은
이런 연출에 매우 유용한 식물이다.

· **추천 혼합 식물**: 틀립(분홍색, 흰색 꽃), 팬지(흰색 꽃), 무스카리,
  호스타(그늘에 강하다), 금어초(노란색 꽃, 보색대비), 금낭화(비슷한
  시기에 분홍색 꽃), 헬레보루스(겨울 동안 상록으로 있으면서 봄까지
  잎을 달고 있다)로 조합해 이른봄 화려한 화단 연출이 가능하다.
· **추천 재배종**: *M. scorpioides* 종은 물가에서 잘 자라고, *M. asiatica*
  종은 산악 지형이 자생지라 암석정원에 적합하다. *M. sylvatica*는
  흔히 '숲 속 물망초'라는 이름처럼 큰 나무 밑에서 잘 자란다.

Narcissus
나르치수스

<hr>

우리나라에서는 '수선화'로 불린다. 3월 초부터 잎이 나오기 시작해 이른봄, 화려한 꽃을 피운다. 꽃의 모양에 따라 트럼펫 타입, 컵 타입으로 분류하기도 한다. 전형적인 알뿌리식물로 낙엽이 질 무렵 흙 속에 심어주는 것이 좋다. 씨앗으로도 발아가 가능하지만, 대부분은 알뿌리 옆에 돋아나는 작은 알뿌리를 분리하는 방식으로 번식시킨다. 다년생 초본식물로 3월 말~4월 초에 해마다 꽃을 피운다. 햇볕이 강한 장소보다는 반그늘 장소에서 좀 더 오랫동안 꽃을 피운다.

식물 디자인 요령

키는 품종의 특성에 따라 10~60cm로 다양하다. 큰 나무 밑이나 잔디밭 위에 흩뿌리듯 자연스럽게 심어주면 좀 더 자연스러운 연출이 가능하다. 단독보다는 무리지어 심어주는 것이 효과적이다. 보통은 흰색과 노란색의 꽃을 피우지만 꽃의 모양과 색의 온도가 매우 다양하다.

- **추천 혼합 식물**: 튤립(진한 자주색 꽃), 아유가(진한 자주색 꽃), 봄맞이(흰색 꽃), 무스카리(보라색 꽃)
- **추천 재배종**: N. 'Sailboat'(흰색 꽃잎에 노란 트럼펫), N. 'Tete a Tete'(키가 작고 전체가 매우 노란 꽃을 피운다), N. 'February Gold'(풍성한 잎 속에서 노란 꽃을 피워올린다), N. 'Actaea'(홑겹의 흰색 꽃잎에 주황 테를 두른 노란색 트럼펫이 들어 있다)

Nicotiana
니코티아나

담배꽃으로도 잘 알려진 일년생 혹은 다년생이 초본식물군이다. 종에 따라서는
관목의 형태를 떠는 것도 있다. 아메리카, 호주, 아프리카, 남태평양을 자생지로
두고 있어 따뜻한 기온을 좋아한다. 담배를 만들 수 있는 잎을 제공하는
종은 *N. tabacum*으로 관상용으로는 심지 않는다. 그늘과 습기를 좋아하는
편이어서 마르지 않도록 해주는 것이 좋다. 종에 따라 키와 잎, 꽃의 형태가
매우 다양하다. 특히 관상용으로 재배되는 니코티아나는 특유의 크림색뿐만
아니라 분홍색, 자주색까지 색상도 다양하다. 종에 따라서는 햇볕에서도
잘 자란다.

식물 디자인 요령

트럼펫 모양의 꽃을 피우는데 꽃의 크기와 색상이 매우 다양하다.
일년생이라 하더라도 꽃이 풍성하게 피고, 식물 전체의 형태가
관목형으로 볼륨이 있어서 초본식물 화단의 중점을 잡아주는 데
효과가 있다.

- **추천 혼합 식물**: 달리아(진한 자주색 꽃), 작약(진한 분홍색 꽃),
  베르베나 보나리안시스(보라색 꽃)
- **추천 재배종**: *N. alata* 'Grandiflora'는 크림색의 별 모양으로 활짝
  펼쳐지는 꽃을 피우고, *N. x sanderae* 'Perfume Deep Purple'은
  진한 보라색 꽃을, 'Perfume Bright Rose'는 진한 분홍색 꽃을,
  'Perfume Antique Lime'은 연한 연두색 꽃을 피운다.

Nigella
니겔라

일년생 초본식물로 남유럽, 남아프리카, 남아시아에서 자생하는 식물군이다.
추위에 약한 편이라 씨를 뿌릴 때는 봄 추위가 완전히 사라진 후가 좋다.
키는 20~50cm로 자란다. 씨앗 발아가 아주 잘되는 편이라, 직접 땅에 씨를
뿌려도 좋다. 햇볕에 강하지만 그늘지고 습기가 있는 곳을 좀 더 선호한다.
꽃은 별 모양으로 피고, 잎이 가늘고 고아서 꽃과 잘 조합되어 늦봄에서
초여름 사이 하이라이트 식물이 돼준다. 영어권에서는 '러브인어미스트
(Love-in-a-mist)'라고 불리기도 한다. 가늘고 고은 잎에 핀 꽃의 느낌에서
유래된 말이다. 져버린 꽃을 잘라주면 지속적으로 다음 꽃이 피어난다.
꽃이 피는 시기는 6~7월이다.

식물 디자인 요령
화단에서 중간 키 정도지만 별 모양인 꽃의 형태가 뚜렷하고
자연에서 드문 푸른색 꽃으로 가장 눈에 띄는 식물이 돼준다.
꽃이 진 후에 맺히는 씨주머니도 크고, 형태가 항아리와 비슷해서
그 역시도 관상 효과가 뛰어나다.

- **추천 혼합 식물**: 칼렌둘라(주황색 꽃, 보색대비), 보리지(보라색으로
  비슷한 톤의 꽃 색감), 아스파라거스(니겔라 잎과 비슷한 가늘고 고은
  느낌의 잎)와 함께 심어 따뜻하고 수수한 화단 연출이 가능하다.
- **추천 재배종**: *N.* 'Miss Jekyll'은 흰색, 파란색, 장미색 꽃을 피우고,
  'Miss Jekyll Alba'는 흰색 겹꽃으로 피어난다. 'Persian Jewels'는
  다양한 색이 혼합으로 피어나고, 'Cambridge Blue'는 가늘고 긴
  줄기 위에 보라색 꽃을 피운다.

Plant Identification

O · P · R

식물의 이름은 속(屬, genus)의 알파벳 순서에 따름.
속은 사람 이름의 성(姓)에 해당하는 것으로
속이 같을 경우, 유전적으로 매우 유사한 특성을 갖는다.

Ophiopogon

Osteospermum

Pachysandra

Paeonia

Panicum

Papaver

Pennisetum

Penstemon

Phlox

Physalis

Platycodon

Polygonatum

Primula

Ricinus

Rudbeckia

Ophiopogon
오피오포곤

비교적 기온이 따뜻한 온대와 아열대 기후에서 자생하는 초본식물군이다.
얼핏 보기에는 잔디와 매우 흡사한 형태로 생겼지만 유전적으로는 잔디보다는
갈대가 포함된 벼 과(Poaceae)에 속한다. 학명은 그리스어로 '뱀'이라는 뜻과
'수염'이라는 뜻이 합성돼 있는데 잎의 생김에서 유래되었다. 키는 20~40cm
에 이르고 잎이 가늘고 고은 종과 잎이 넓고 키가 큰 종으로 다양한 편이다.
소금기가 있는 물에서도 잘 던디고, 습도를 좋아한다. 그러나 주어진 환경에
아주 잘 적응해 가뭄에도 잘 견딘다. 지면을 덮어주는 데 활용되는 대표적인
식물이다.

식물 디자인 요령
큰 나무 혹은 관목 밑에 심는 하부 식물로 적합하다. 흰색 껍질을
지니고 있는 자작나무와 자주색 잎을 지닌 *O. planiscapus*
'Nigrescens'를 심으면 흑과 백의 대비를 즐길 수 있다. 해안가,
자갈정원, 지중해 자생의 식물군과 함께 심어도 좋다.

- **추천 혼합 식물**: 프리물라(앵초, 흰색이나 분홍색 꽃), 하코네클로아
  (비슷한 느낌의 구부러지는 잎의 효과), 헤우케라(산호색 잎을 지닌 종,
  대비 색상)을 혼합하여 심어주면 아름다운 그늘에 강한 화단
  연출이 가능하다.
- **추천 재배종**: *O. planiscapus* 'Nigrescens' (검자주색 잎),
  O. japonicus (짙은 초록색 상록잎), *O. japonicus* 'Nana' (중간 키의
  초록색 잎), *O. jaburan* 'Vittatus' (키가 크고 잎이 넓고 굵은 종)

Osteospermum/Dimorphotheca
오스테오스페르뭄/디모르포데카

아프리카 자생으로 데이지 형태의 꽃을 피워 흔히 '아프리칸 데이지'로도
불린다. 유사한 속으로 디모르포데카가 있는데 원래는 이 식물 전체가
이 속으로 불리다, 최근에 일년생만 그룹에 남고, 나머지 다년생은
오스테오스페르뭄으로 분류되었다. 오스테오스페르뭄은 짧은 다년생 식물로
금잔화가 포함돼 있는 국화 과에 속해 있다. 햇볕을 좋아하고, 가뭄에 강하다.
오스테오스페르뭄, 데모르포데카 모두 재배종이 많이 개발되어 꽃의 색깔과
모양이 매우 다양하다. 두 속 모두 추위에 약간 편이어서 다년생의 경우도
우리나라 기후에서는 월동이 어렵다. 그러나 5~10월에 지속적으로 꽃을
피워주기 때문에 일년생으로도 충분한 가치가 있다.

식물 디자인 요령

키는 20~60cm 정도의 중간 키 식물이다. 꽃이 풍성하고, 잎도
촘촘하기 때문에 지면을 덮어주는 효과가 크다. 무리지어 심어도
좋고, 다른 식물과 조합하여 단독으로 연출해도 괜찮다.

· **추천 혼합 식물**: 알리숨(흰색, 키 작은 꽃), 수크령(가늘고 고은 잎),
  딜(가늘고 고은 잎, 우산 형태의 노란색 꽃으로 대비), 달리아(진한 빨간
  색, 자주색 꽃)와 함께 조합하여 시원한 여름 화단 연출이
  가능하다.
· **추천 재배종**: O. 'Orange Symphony'는 빛바랜 주황색 꽃을
  피운다. '보라색, 흰색, 노란색' 꽃의 하이브리드 종이 다양하고
  마치 종이접기를 한 듯 펼쳐진 재배종도 있다.

Pachysandra
파키산드라

온대성 기후 지역에서 자생하는 초본 혹은 관목 형태의 식물군이다. 넓고,
선명한 형태의 잎이 촘촘하게 지면을 덮어준다. 봄에 작게 갈라지는 흰색 꽃이
피지만 큰 볼거리를 제공하지는 않는다. 추위에 강하기 때문에 우리나라
전역에서 월동이 가능하다. 원예 관리가 특별히 까다로운 식물은 아니지만
나이를 먹으면 줄기가 늙어가기 때문에 3~4년에 한 번 과감하게 식물 전체를
잘라주는 것이 좋다. 우리나라에서는 *Pachysandra terminalis* 종을
'수호초'라는 이름으로 부른다. 꽃이 피었을 때는 은은한 향기가 난다.

식물 디자인 요령

키가 15~20cm 정도로 자라면서 잎이 넓게 퍼져준다. 잎은 빳빳하면
서 뾰족한 톱니 모양이 선명해서 잎 자체의 관상 효과가 뛰어나다.
지면을 덮어주기 때문에 흙이 노출되지 않아 잡초의 퍼짐을 막을 수
있어 큰 나무 밑에 군락으로 심어주는 것도 좋다.

- **추천 혼합 식물**: 호스타(초록색 큰 잎), 고사리(가늘고 넓은 잎),
  아스틸베(잎과 분홍색, 흰색의 꽃)를 혼합하여 그늘 화단을 조성할
  수 있다.
- **추천 재배종**: *P. terminalis* 'Silver Edge'는 잎의 끝에 흰색 무늬가
  있고, 'Green Carpet'은 잎의 초록색이 진하고 반들거린다.
  'Green Sheen'은 잎의 끝이 부드럽고 윤기가 난다.

Paeonia
페오니아

우리나라를 포함한 아시아, 유럽, 북아메리카에 자생하는 식물군이다. 천천히 자라는 식물이라 꽃을 피울 때까지 일정 기간이 필요하고, 가지치기는 하지 않는 것이 좋다. 꽃이 지고 난 후 꽃대를 따주는 정도로 충분하다. 잎은 스스로 질 때까지 햇볕을 오랫동안 보게 해주어야 한다. 페오니아 식물군에는 초본과 목본의 형태가 모두 있다. 우리나라에서는 초본 타입의 페오니아를 '작약(Herbaceous peony)', 목본 형태의 페오니아를 '목단(Tree peony)'이라 부른다. 꽃이 피는 시기는 5월 말~6월이다. 단, 개화기간이 짧아 일주일에서 열흘 사이에 꽃이 진다.

식물 디자인 요령

초본식물인 작약조차도 관목처럼 키가 1m에 이를 정도로 크게 자란다. 목단보다는 작약의 재배종이 좀 더 많다. 꽃은 붉은색, 분홍색, 보라색, 노란색, 흰색 등으로 피고 홑꽃, 겹꽃으로 꽃의 모양도 다양하다. 그러나 꽃이 빠르게 지기 때문에 하이라이트 식물로서의 기간이 짧다. 대신 잎이 넓고, 선명하고, 풍성하고, 키가 크기 때문에 볼륨을 잡아주는 중점 식물로 이용하는 것이 좋다.

· **추천 혼합 식물**: 칼렌둘라(주황색 꽃), 딜(가늘고 고운 잎), 아퀼레기아 (분홍색 꽃)를 혼합하여 소박한 텃밭정원과 어울리는 화단 연출이 가능하다.
· **추천 재배종**: *P.* 'Bowl of Beauty'(흰색 꽃), *P.* 'Cardinal Vaughan'(분홍 색 꽃잎에 노란색 술), *P.* 'Fairy Princess'(진한 빨간색 꽃잎에 노란색 술), *P.* 'Buckeye Belle'(자주색 꽃잎에 노란색 술), *P.* 'Prairie Charm'(노란 색 겹꽃)

Panicum
파니쿰

....

벼 과의 식물로 대부분 열대 지방을 자생지로 두고 있는 일년생 혹은 다년생의
초본식물군이다. 몇 종은 북반구의 온대성 기후에도 적응하여 잘 자란다.
30여 종의 파니쿰이 오스트레일리아 자생이다. 우리나라에 자생하고 있는
*P. miliaceum*도 있다. 키가 1~3m에 이를 정도로 크고, 직립으로 쭉 뻗어주는데다
열매인 이삭이 매우 부드럽게 퍼지며 자라서 최근 정원 식물로 큰 인기를 끌고
있다. 물을 좋아하기 때문에 얕은 물가에 심어도 잘 자란다. 다년생이라
할지라도 열대 지방 자생의 종은 겨울 추위를 이겨내지 못할 가능성이 높다.
파니쿰은 '이삭'을 뜻하는 '패니클(panicle)'에서 유래된 것으로 이삭의 형태가
매우 조형적으로 아름답다.

식물 디자인 요령
키가 큰 데다 부드럽고 풍성한 이삭을 맺어주기 때문에 꽃은
아니지만 그 형태와 질감으로 하이라이트 식물로 쓸 수 있다.

· **추천 혼합 식물**: 달리아(붉은 자주색 꽃), 베르베나 보나리안시스
  (보라색 꽃), 당근(우산 형태의 흰색 꽃), 코스모스(분홍색 꽃)와 함께
  내추럴한 화단 조성이 가능하다.
· **추천 재배종**: *P. virgatum* 'Cloud Nine'은 직립으로 공중에 작고
  화려한 황금빛 이삭을 맺는다. 'Hanse Herms'는 낙엽이 지는
  다년생으로 가을 단풍이 진다. 'Northwind' 역시 낙엽이 지는
  다년생으로 잎이 촘촘하고, 처음에는 푸른빛이 돌다, 초록으로,
  다시 보라색으로 잎이 변한다.

Papaver
파파베르

온대 기후에서 일년생 혹은 다년생으로 자생하는 초본식물군이다. 햇볕을
좋아하고, 가뭄에 강한 편이다. 약 1,000여 종의 포함돼 있을 정도로 큰
그룹이다. 꽃의 색깔은 흰색, 붉은색, 보라색 등이고, 이 중에는 아편의 원료가
되는 *P. somniferum* 종도 있다. 키는 1~1.5m에 이를 정도로 큰 편이고,
꽃의 형태가 다양하고, 크기가 매우 큰 것도 있다. 재배종이 많이 개발돼 있어서
관상용으로 정원에서 활용하기 좋다. 우리나라에서는 '양귀비(꽃)'라는
별칭으로 불리고 있다. 꽃이 피는 시기는 5~6월이다.

식물 디자인 요령
품종에 따라 홑겹, 겹꽃의 형태로 꽃이 달라진다. 더불어 색상도
주황색, 흰색, 자주색, 보라색 등으로까지 개량돼 있어 선택의
폭이 넓다. 단독으로 심기보다는 무리지어 다른 화려한 초본식물과
함께 심어주면 봄과 여름의 정원을 강렬하고 화려하게 연출할 수 있다.

- **추천 혼합 식물**: 이리스(파란색 꽃과 가늘고 쭉 뻗은 잎), 솔리다고
  (노란색 풍성한 꽃), 살비아(보라색 꽃), 헬레니움(주황색 꽃),
  루피누스(흰색, 분홍색 꽃) 등과 피는 시기가 비슷하다.
- **추천 재배종**: *P. atlanticum*은 짧은 몇 해를 살아주는 다년생으로
  활짝 펼쳐진 주황색 접시 모양의 꽃을 피운다. *P. commutatum*
  'Ladybird'는 일년생으로 빨간색에 가운데 까만 점을 지닌 꽃을
  피운다. *P. somniferum* 'Lauren's Grape'는 홑겹의 짙은 보라색
  꽃을 피우고, *P. rupifragum*은 스페인 자생으로 주황색 꽃을,
  P. rhoeas 'Bridal Silk'는 흰색 겹꽃을 피운다.

Pennisetum
펜니세툼

대부분은 열대 지방을 자생지로 두고 있지만 아시아, 유럽, 오스트리아 등의
온대 기후에서도 자생하고 있는 식물군으로 140여 종이 포함돼 있다.
정원 식물로 알려진 것은 *P. alopecuroides*로 아시아, 아프리카, 호주에
자생하는 추위에 강한 종이다. 우리나라에서는 '수크령'이라는 이름으로
불린다. 대부분 햇볕을 좋아하지만 반그늘 상태에서도 잘 자란다. 늦은 겨울
혹은 초봄에 묵은 잎과 줄기를 잘라주어야 새로운 싹을 볼 수 있다.
간혹 자생력이 너무 강해 잡초가 되기도 한다.

식물 디자인 요령

갈대는 정원에 특별한 형태미를 주는 식물이다. 가늘고 길쭉한 잎이
풍성하면서도 크게 자라는 데다 다른 하이라이트 식물을 부드럽게
감싸주는 효과가 뛰어나다. 더불어 산과 들에서 자주 볼 수 있는
탓에 다른 재배종 식물과 혼합했을 때 자연미가 증가된다.

- **추천 혼합 식물**: 에키나체아(분홍색 꽃), 루드베키아(노란색 꽃),
  리아트리스(보라색 꽃), 베르베나 보나리안시스(보라색 꽃)와 함께
  연출하여 내추럴한 여름 화단 연출이 가능하다.
- **추천 재배종**: *P. alopecuroides* 'Burgundy Bunny'는 40cm의
  중간 키 정도이고 이삭이 통통하다. *P.* 'Hameln'은 75cm 정도의
  비교적 큰 키이고, *P.* 'Little Bunny'는 50cm로 키가 작은 품종이고,
  P. 'Red Head'는 1.2m로 키도 매우 크지만 짙고 붉은 와인색
  이삭을 맺는다.

Penstemon
펜스테몬

북아메리카 대륙에 자생지를 두고 있는 다년생 식물군이다. 약 250여 종이
포함돼 있는 북아메리카에서 가장 폭넓은 식물군이기도 하다. 마주보며
잎이 나고, 종에 따라 꽃이 두 벌로 함께 피어나는 경우가 많다. 여름 꽃으로
6~10월까지 긴 시간 동안 꽃을 피워준다. 추위에 약한 종은 초봄의 추위가
지나고 난 후에 씨앗을 심어야 한다. 꽃이 지고 난 후에는 꽃대를 잘라주면
좀 더 오랫동안 꽃이 피는 것을 지켜볼 수 있다. 월동이 되는 종은 겨울이
지나고 나면 4월 즈음에 잎과 줄기를 땅위에서 바짝 잘라 새순이 나오도록
해주면 좋다.

식물 디자인 요령

0.5~1m에 이를 정도로 비교적 키가 크고 꽃이 줄기를 따라
연이어 피어나기 때문에 줄기 전체가 꽃을 피우는 듯한 느낌이 든다.
날씬하게 올라오는 식물이기 때문에 무리지어 심어주는 것이 좋다.

· **추천 혼합 식물**: 아킬레아(흰색 꽃), 코스모스(분홍색 꽃), 살비아
  (보라색 꽃), 알리숨(흰색 꽃)과 함께 부드러운 여름 화단 연출이
  가능하다.
· **추천 재배종**: *P.* 'Andenken An Friedrich Hahn'은 진한 와인색 꽃을
  피우고, *P.* 'Sour Grapes'는 60cm 키에 추위에 강한 품종으로
  보라색 꽃을 피운다. *P.* 'Linarioides subsp. Sileri'는 45cm 키에
  추위에 강하고, *P.* 'Bredon'는 분홍색과 짙은 자주색이 섞여
  있는 꽃을, *P.* 'Red Ace'는 붉은색 꽃, *P. heterophyllus* 'Catherine
  De la Mare'는 푸른색과 보라색이 섞인 꽃을 피운다.

Phlox
프록스

대부분이 북아메리카에 자생하고 있는 약 67종이 포함된 식물군이다.
일년생 혹은 다년생의 생명주기로 자라고, 툰드라 기후에서 숲 속, 초원 등으로
자생지가 광범위하다. 봄에 꽃을 피우는 종으로는 우리나라에도 많이 들어온
'꽃잔디'라 불리는 *P. subulata* 종이 있다. 이 외에도 키가 크고, 꽃이 피라미드
형태로 군락지어 꽃이 피어나는 프록스도 있다. 종에 따라서는 봄이 아니라
여름에 꽃을 피우기 때문에 다양한 선택이 가능하다. 햇볕을 좋아하지만 싹이
돋을 무렵부터는 물주기를 잘해주어야 한다. 겨울이 지나가고 난 후에는
지면에서 바짝 줄기와 잎을 잘라주면 새싹이 좀 더 잘 나와준다.

식물 디자인 요령
키가 작은 종은 꽃잔디처럼 지면을 덮어주는 효과가 뛰어나고,
키가 큰 종은 다른 식물과 함께 심어서 화려한 초본식물 화단을
만들 수 있다.

· **추천 혼합 식물**: 크니포피아(비슷한 형태의 흰색, 주황색 꽃),
  루드베키아(비슷한 시기에 피는 노란색 꽃), 에키나체아(흰색 꽃)와
  함께 혼합하여 봄의 화단 연출이 가능하다.
· **추천 재배종**: *P. subulata* 'Atropurpurea'는 키가 작고 키가 큰 종으로
  는 *P. paniculata* 'Blue Paradise'로 키가 1.2m에 이르고, 보라색이
  섞인 파란색 꽃을 피운다. *P.* 'Candy Twist'는 흰색에 분홍 줄무늬가
  있는 꽃을 피우고, 'David' 종은 향기가 좋다. 'Nicky' 종은
  선명한 분홍과 보라가 혼합된 색의 꽃을 피운다.

Physalis
피살리스

온대 기후와 아열대 기후의 특히 아메리카 대륙에서 많이 자생하는 다년생
식물군이다. 90여 종의 식물이 포함돼 있고, 이 중 46종이 멕시코 자생이다.
초본식물이지만 0.3~3m에 이를 정도로 그 키가 관목만큼이나 큰 종도
있다. 햇볕을 좋아하고, 대부분은 따뜻한 기후를 좋아하지만 추위를 잘 견디는
종도 있다. 우리나라에서는 아시아를 자생지로 두고 있는 *P. alkekengi*가
자라는데 '꽈리(꽃)'으로 불린다. 정원에서 가장 사랑받는 종이기도 하고,
'랜턴 체리(Lantern cherry)'라는 별명도 있다. 추위에 강해서 우리나라
전 지역에서 월동도 가능하다. 토마토와 같은 과의 식물로 키우는 요령이
상당히 비슷하다.

식물 디자인 요령
잎이 토마토의 잎과 닮았다. 여름이 되면 꽃을 피우지만 꽃 자체는
작고 흰색, 연한 녹색이어서 눈에 띄지 않는다. 대신 늦여름으로
접어들면 등불을 닮은 주황색 씨주머니가 나타난다. 꽃보다는
이 씨앗을 담은 주머니 자체가 늦가을까지 꽃만큼 화려한
하이라이트가 돼준다.

- **추천 혼합 식물**: 앙겔리카(흰색 꽃), 당근(흰색 꽃), 아킬레아(흰색 꽃),
  살비아(보라색 꽃), 배초향(보라색 꽃)과 함께 조성하여 여름 화단
  연출이 가능하다.
- **추천 재배종**: *P. crassifolia*는 연녹색의 씨주머니가 맺히고
  *P. pruinosa*는 안쪽은 연한 주황색이지만 바깥쪽은 연한 갈색의
  씨주머니가, *P. peruviana*는 연한 주황색의 씨주머니가 맺힌다.

Platycodon
플라티코돈

우리나라, 중국, 일본을 자생지로 두고 있고 일부 종은 러시아에서도 자란다. 다년생 초본식물군으로 영하 15도 추위까지 견딘다. '도라지'로 우리나라에서는 주로 뿌리를 먹는 식용 식물로 재배되지만 관상용 꽃으로도 가치가 높다. 햇볕을 좋아하고, 영양가가 없는 땅에서도 잘 자라준다. 축축하고 습기가 많은 곳을 싫어하기 때문에 진흙이 많은 땅에서는 마사나 모래를 섞어서 배수가 잘되게 관리하는 것이 좋다. 가을에 뿌리만 남기고 잎과 줄기를 잘라주면 다음해 다시 싹을 틔워준다. 꽃은 7~8월에 피어난다.

식물 디자인 요령

키는 30~80cm에 이르고, 꽃은 흰색과 보라색이다. 꽃이 열리기 직전 마치 풍선을 분 것처럼 공 모양의 꽃봉오리가 맺힌다. 홑꽃 외에 겹꽃도 개발되어서도 여름철 하이라이트 정원 식물이 돼준다.

- **추천 혼합 식물**: 에키나체아(데이지 형태의 흰색, 분홍색 꽃), 헤메로칼리스(원추리, 주황색, 흰색 꽃), 프록스(피라미드 형태의 흰색, 분홍색 꽃), 아킬레아(레이스 형태의 흰색 꽃)를 혼합하면 보색대비의 여름 화단 연출이 가능하다.
- **추천 재배종**: *P. grandiflorus*에서 재배된 품종으로 'Astra Double Blue'는 겹꽃의 보라색 꽃을 피우고, 'Astra Pink'는 분홍색 꽃을, 'Sentimental Blue'는 진한 파란색 꽃을, 'Double Blue'는 겹꽃의 푸른색 꽃을 피운다.

Polygonatum
폴리고나툼

북반구의 아시아, 유럽 등 온대성 기후에서 자생하는 다년생 초본식물군이다.
약 63종의 식물이 속해 있고, 이 중 20여 종이 중국이 자생지다. 정원에서 많이
쓰이는 종은 *P. multiflorum*, *P. odoratum*, *P. verticillatum*이다. 학명 속에서는
'많은 마디(무릎)'라는 뜻이 있는데 뿌리의 모양이 마디처럼 돼 있는 것에서
유래되었다. 우리나라에서는 '둥굴레'라는 이름으로 뿌리를 약용 혹은
식용으로 써왔다. 음지에 강한 식물이어서 그늘 화단을 만드는 데 활용할 수 있다.
종 모양의 흰색 꽃이 쌍으로 매달려 피어나는 특징이 있다. 키는 30~60cm
정도에 이른다.

식물 디자인 요령

잎의 형태가 선명하고 단정하다. 꽃이 피어 있지 않은 시기에도
잎 자체로 관상 효과가 크다. 꽃이 피어나면 짙은 초록색 잎에
종 모양의 흰색이 선명하다. 큰 나무 밑에 심어서 '숲 속 정원'을
연출하는 데 많이 활용된다.

· **추천 혼합 식물**: 아스틸베(잎과 분홍색 꽃), 고사리(피라미드 타입의
  부드러운 잎), 호스타(특정한 주름이나 무늬가 있는 종), 헤우케라
  (자주색 잎)를 함께 혼합하면 볼륨 있는 그늘 화단을 연출할 수
  있다.
· **추천 재배종**: *P. biflorum*은 북아메리카 자생으로 연한 초록색 잎에
  흰색 꽃이 쌍으로 피어난다. *P. odoratum* 'Variegatum'은 잎에
  흰색의 줄무늬가 있고 *P. humile*는 키가 작다.

Primula
프리물라

온대성 기후에서 자생하는 다년생 초본식물군이다. 북반부 전역은 물론
에피오피아, 인도네시아, 뉴기니아 등의 산악 지역에서도 자생한다.
500여 종이 포함된 매우 큰 그룹이다. 학명 속에는 '처음(prime)'이란
뜻이 있어서 이른봄에 꽃을 피운다는 의미가 있다. 그러나 종에 따라서는
6~7월에 꽃을 피우는 종도 많다. 우리나라에서는 '앵초'라는 이름으로도
불린다. 추위에 비교적 강한 편이어서 우리나라 자생을 포함한 상당수가
월동이 가능하다. 물가 혹은 습기가 많거나 그늘에 강해서 물가 혹은 개울가,
그늘에 심어서 화단 장식이 가능하다.

식물 디자인 요령
키는 10~60cm 정도에 이른다. 키가 작은 종은 촘촘한 잎으로
지면을 덮어준다. 키가 큰 종은 꽃이 층층으로 레이스처럼 퍼져
피어나기 때문에 하이라이트 효과가 뛰어나다. 이른봄부터
늦여름까지 종에 따라 꽃을 피우는 시기가 달라 혼합해 심으면
오랫동안 지속적으로 꽃을 볼 수 있다.

- **추천 혼합 식물**: 봄맞이(흰색 꽃), 아유가(자주색 꽃), 알리숨(흰색,
  분홍색 꽃)과 함께 키는 작지만 우아한 화단 연출이 가능하다.
- **추천 재배종**: *P. veris*는 종 모양의 노란색 꽃을 피우고, *P. vialii*는
  라일락과 비슷한 꽃을 피운다. *P. sieboldii*는 분홍색 꽃을 피우고,
  *P. pulverulenta*는 야생화를 연상시켜 자연스러운 화단 연출에
  좋다. *P. japonica* 'Miller's Crimson'은 6~7월에 자주색의 작은 꽃을
  피우는데 그늘에 강하다.

Ricinus
리치누스

지중해, 동아프리카, 인도를 비롯한 열대 기후에 자생하는 식물군으로 관목
혹은 초본의 형태로 살아간다. 성장속도가 매우 빠른 편이고, 관목형으로
자라는 종은 12m에 이르기도 한다. 식물 전체가 독성이 있기 때문에 관리할 때
장갑을 끼는 것이 좋다. 열매에서 추출되는 캐스터(caster) 오일은 불을 밝히는
데도 사용한다. 우리나라에서는 겨울 추위 탓에 다년생으로 키우지 못하고
일년생으로 키우는 곳이 많다. 우리나라에서는 '아주까리'라는 이름으로
불리거나 중국의 비마자에서 유래된 이름으로 '피마자'로 불린다. 정원에서는
열대 느낌을 완연하게 만들어줄 수 있기 때문에 여름 화단 구성에 활용할 수 있다.

식물 디자인 요령
꽃이 피기는 하지만 잎과 열매에 오히려 관상 효과가 많다.
손가락을 펼친 듯 뾰족한 잎은 넓고 큰 데다 자주색 혹은 붉은색을
띠고 있어서 정원에 색감을 준다. 씨앗이 맺히는 성게 모양의
씨주머니 역시 빨간색이나 자주색으로 매달려 마치 꽃을 피운 듯한
효과를 볼 수 있다. 너무 많이 사용하기보다는 포인트로 사용하여
다른 식물과 어우러지게 이용하는 것이 좋다.

- **추천 혼합 식물**: 달리아(붉은색 꽃), 접시꽃(분홍색 꽃), 베르베나
  보나리안시스(보라색 꽃)와 함께 열대 화단 조성이 가능하다.
- **추천 재배종**: *R. communis* 'Carmencita'는 크고 아주 진한 붉은색
  잎이 나오고, 'Red Giant'는 씨주머니가 매우 붉다. 'Impala'는
  열매와 잎의 형태가 뚜렷하고 열매의 경우는 붉은색, 잎의 경우는
  초록색이 매우 짙다.

Rudbeckia
루드베키아

북아메리카 자생의 초본식물군이다. 일년생 혹은 다년생의 주기로 살아간다.
하지만 다년생의 경우라 해도 서너 해 정도만 살아주고 대신 씨가 떨어져
다시 싹을 틔우는 일이 많다. 공식 이름은 스웨덴의 식물학자인 올로프 루드벡
(Olof Rudbeck the Younger, 1660~1740)의 이름에서 붙여졌다. 7~10월 말에
지속적으로 꽃을 피워주어 늦여름 화단 조성에 좋다. 햇볕을 좋아하고
가뭄에 강한 편이다. 진 꽃을 잘라주면 좀 더 오랫동안 꽃을 볼 수 있다.
개화기간도 8~11월로 길다.

식물 디자인 요령

키는 0.5~2m에 이를 정도로 상당히 크다. 꽃의 색이 아주 진하고
밝은 노란색이기 때문에 멀리에서도 눈에 띈다. 5~10포기를
무리지어 한 덩어리로 연출해도 좋고 주변에 루드베키아보다 키가
작은 중간 키의 에키나체아, 헬레니움, 헬리안투스, 당근 등을 함께
심어 혼합하는 방식도 좋다.

· **추천 혼합 식물**: 에키나체아(분홍색, 흰색 꽃), 헬레니움(주황색, 흰색
  꽃), 헬리안투스(짙은 주황색 꽃), 당근(우산 형태의 흰색 꽃),
  앙겔로니아(흰색 꽃) 등의 혼합으로 늦여름 화단 연출이 가능하다.
· **추천 재배종**: *R. hirta* 'Prairie Sun'은 꽃의 중심부가 연한 초록색이고,
  꽃잎은 옅은 주황색이다. *R. hirta* 'Little Goldstar'는 중심부가 짙은
  밤색이고 선명하고 밝은 노란색 꽃잎이 펼쳐진다. *R. hirta* 'Cherry
  Brandy'는 짙은 초콜릿색 중심부와 짙은 자줏빛 와인색 꽃잎을
  지니고 있다.

Plant Identification

S·T·V

식물의 이름은 속(屬, genus)의 알파벳 순서에 따름.
속은 사람 이름의 성(姓)에 해당하는 것으로
속이 같을 경우, 유전적으로 매우 유사한 특성을 갖는다.

Salvia

Sedum

Stachys

Stipa

Thalictrum

Tradescantia

Tulipa

Verbena

Veronica

Viola

Salvia
살비아(샐비어, 세이지)

1,000여 종의 식물이 포함돼 있는 큰 그룹으로 관목, 초본식물의 형태로 자란다. 살비아라는 말 속에는 '힐링, 기분을 좋게 하는'이라는 의미가 들어 있을 정도로 기분 좋은 향기를 뿜어낸다. 온대성 기후 지역에서 자생하고 그중 남아메리카에 600여 종, 지중해 250여 종, 동아시아에 90여 종이 있다. 꽃은 보라색 계열로 7~8월에 핀다. 햇볕을 좋아하고, 가뭄에 강하다. 진 꽃을 잘라주면 지속적으로 꽃을 볼 수 있다. 시간이 흘러 목대가 딱딱해지면 잘라주어 옆에 새로운 가지가 나올 수 있게 해주는 것이 좋다.

식물 디자인 요령
키는 0.2~1.2m에 이를 정도로 다양하다. 수직의 느낌이 강하다. 잎은 은색이 들어간 종부터 짙은 녹색까지 다양하다. 초원에서 자라는 자연스러운 형태미가 있어 좀 더 내추럴한 화단을 원한다면 그룹으로 묶어 심어주는 방법이 좋다.

- **추천 혼합 식물**: 은쑥, 램즈이어, 은사초, 아가판투스(흰색 혹은 보라색 꽃), 아킬레아(흰색 꽃) 등과 심어주면 늦여름 화이트 화단 연출이 가능하다.
- **추천 재배종**: S. x jamensis 'Sierra San Antonio'는 75cm 키에 관목형으로 자라고 옅은 분홍색 꽃을 피운다. S. 'Javier'는 65cm 키에 보라색 꽃을 풍성하게 피우고, S. 'Silas Dyson'은 추위에 강한 편이고 짙은 분홍색 꽃을 피운다.

Sedum
세둠

다육식물로 분류되는 식물군으로 600여 종의 식물이 포함돼 있다. 원래는 북반구에서만 자생했지만 지금은 아프리카, 남아메리카에 이르기까지 골고루 분포하고 있다. 다육식물처럼 잎이 두툼하고 빳빳한 것이 특징이다. 일년생 혹은 다년생의 생명주기로 살고, 햇볕을 좋아하고 가뭄에 강하다. 꽃은 별 모양의 작은 꽃을 무리지어 피우지만 키는 0.8~1m에 이를 정도로 매우 다양하다. 세둠은 세 가지 타입으로 구별하는데 지면을 낮게 덮어주는 타입, 덩굴 타입 그리고 60cm 정도의 키로 자라서 풍성한 꽃을 피우는 타입이 있다. 꽃은 초봄부터 늦여름까지 종에 따라 피는 시기가 다양하다.

식물 디자인 요령

세둠은 지속적으로 화단을 지켜주는 중간 식물이다. 홀로 빛나기 보다는 다른 식물과 조합되었을 때 다른 식물의 바탕이 돼주기 때문에 무리지어 심는 것이 효과적이다.

- **추천 혼합 식물**: 헬리옵시스(주황색 꽃), 아스테르(보라색 꽃), 아킬레아(흰색 꽃), 에키나체아(분홍색 꽃), 리아트리스(보라색 꽃)와 혼합하여 여름 화단을 구성할 수 있다.
- **추천 재배종**: S. 'Beauty Party'는 풍성한 연분홍색 꽃을 피우고, 잎에는 연노랑이 섞여 있다. 'Brilliant'는 가장 많이 알려진 품종으로 60cm 키에 진분홍색 꽃을 피운다. 잎에 회색이 있는 종으로는 *P. telephium* 'Karfunkelstein'과 'Purple Emperor'가 있다.

Stachys
스타키스

....

유럽, 아시아, 아프리카 등에 자생하고 있는 초본식물군으로 450여 종이 포함돼 있다. 스타키스는 크게 두 타입으로 하나는 완전히 털로 뒤덮여 있는 듯 회색빛을 띠고 있는 터키, 아르메니아 자생의 *S. byzantina*이고, 나머지는 초록의 잎을 지니고 있는 *S. macrantha*와 *S. officinalis*이다. 비잔티나의 경우는 '램즈이어 (양의 귀)'라는 별칭으로 불리기도 한다. 햇볕을 좋아하는 편이지만 반그늘에서도 잘 살아준다. 상록의 식물이지만 우리나라 추위 속에서는 뿌리만 살아남아 다음해 봄 다시 싹이 돋는다. 꽃이 피는 시기는 6~7월이다.

식물 디자인 요령
키는 0.1~1m에 이를 정도로 비교적 큰 편이다. 특히 비잔티나는 은색, 청색이 혼합된 색으로 뒤덮여 있어서 초록으로 가득한 화단에 특별한 느낌을 만들어준다. 어떤 식물이든 함께 있으면 든든한 배경을 만들어주는 데 탁월하다.

- **추천 혼합 식물**: 릭니스(동자꽃, 진분홍색 꽃), 에키나체아(분홍색 꽃), 세둠(분홍색 꽃), 살비아(보라색 꽃), 페스투카(은청색 잎), 알리움 (공 모양의 보라색 꽃)을 혼합하여 초여름 화단 구성이 가능하다.
- **추천 재배종**: *S. byzantina*의 품종인 'Cotton Boll'은 식물 전체가 흰색이 강하고, *S.* 'Silver carpet'은 흰색 털 잎이 촘촘하다. *S. officinalis* 'Hummelo'는 짙은 초록에 분홍색 꽃을 피운다.

Stipa
스티파

사바나 기후의 초원에서 자생하는 초본식물군이다. 300여 종의 식물이 포함돼
있고 대부분이 다년생이다. 정원에 관상용 식물로 개발된 역사는 길지 않다.
21세기에 이르러 독일에서부터 본격적으로 원예 식물로 개발되었다. 가뭄에도
잘 견디고 자생력이 뛰어나다. 봄에 지면에서 바짝 줄기와 잎을 잘라주어야
새로운 순이 광합성 작용을 원활하게 할 수 있다. 해마다 몸집이 커지기 때문에
4~5년에 한 번씩 뿌리를 나눠주는 것이 좋다. 잎이 황금빛으로 변하며 이삭이
맺히는 때는 9~10월이다.

식물 디자인 요령

스티파를 포함한 갈대를 다른 색상이 화려한 하이라이트 식물과
혼합하여 쓰게 되면 부드럽고 야생의 느낌이 나도록 연출할 수 있다.

- **추천 혼합 식물**: 루드베키아(노란색 꽃), 코스모스(진한 자주색 꽃),
  베르베나 보나리안시스(보라색 꽃), 달리아(짙은 자주색, 빨간색 꽃),
  달리아(키가 큰 종, 주황색 꽃), 아가판투스(푸른색 꽃)를 혼합하여
  여름 화단 연출이 가능하다.
- **추천 재배종**: 풍성한 이삭과 가늘고 고운 잎을 지닌 뉴질랜드
  자생의 *S. arundinacea*와 남유럽 자생의 은빛 이삭을 지닌
  S. barbata, 황금색 이삭을 지닌 유럽 자생의 *S. calamagrostis*,
  *S. gigantea*가 있고, 남미 페루 자생의 *S. ichu*, 멕시코 자생의
  S. tenuissima 종이 있다.

Thalictrum
탈릭트룸

대부분의 온대성 기후 지역에서 자생하는 다년생 초본식물군이다. 200여 종이
포함돼 있고, 키가 아주 작은 산악 지형에서 자라는 종부터 키가 2m에 달하는
큰 키의 종까지 다양하다. 꽃은 안개꽃과 비슷하게 퍼져서 피어나
영어권에서는 '클라우드 플라워'로도 불린다. 촉촉한 땅을 좋아하고 그늘에서
잘 자라기 때문에 그늘 화단을 조성하는 데 유용하게 쓸 수 있는 식물이다.
꽃의 색감은 분홍색, 흰색, 보라색, 노란색이고, 잎의 모양이 고사리를
닮은 것도 있고, 작은 하트 모양으로 생긴 종도 있다. 추위에 비교적
강한 편이라 우리나라에서도 월동이 가능한 종이 많다. 우리나라에서는
T. rochebrunianum 종을 '금꿩의다리'라는 이름으로 부른다.

식물 디자인 요령
키가 큰 종을 선택한다면 화단에 볼륨을 줄 수 있고, 꽃이 마치
공중에 산발적으로 뜬 것처럼 피어나기 때문에 야생에서 자라는
풀의 느낌이 강해서 자연스러운 화단 연출에 효과적이다. 잎의
모양이나 색이 선명해 꽃이 진 후에도 관상 효과가 있다.

- **추천 혼합 식물**: 코스모스(분홍색 꽃, 가는 잎), 고사리(피라미드 타입
  의 부드러운 잎), 호스타(무늬가 있는 큰 잎), 아스틸베(고운 잎과 분홍
  색 꽃) 등과 함께 심어 그늘 화단을 만들 수 있다.
- **추천 재배종**: *T. delavayi* 종은 작은 분홍색 꽃을 피우고,
  *T. kiusianum*은 15cm 정도로 키가 작고 고사리와 비슷한 잎을 지녔다.
  T. rochebrunianum var. *grandisepalum*은 밝은 분홍색 꽃을 피운다.

Tradescantia
트라데스칸티아

호주, 뉴질랜드에 자생지를 두고 있는 식물군이지만 이제는 캐나다, 남아메리카, 아시아, 아프리카에 이르기까지 골고루 분포하고 있다. 75종의 식물이 포함돼 있다. 숲 속 혹은 초원에서 서식한다. 크게 두 그룹으로 나뉘는데, 하나는 따뜻한 온도를 좋아하는 군으로 주로 '실내 식물'로 많이 쓰인다. 다른 그룹은 우리나라를 비롯한 온대성 기후의 바깥 정원에서 자랄 수 있는 군이다. 우리나라에서는 멕시코 자생의 *T. pallida* 'Purpurea'를 '달개비'라고 부른다. 햇볕을 좋아하고 가뭄에도 강한 편이지만 그늘에서도 잘 자란다.

식물 디자인 요령

키는 30~60cm에 이른다. 선명한 보라색을 띠는 세 장의 꽃잎이 눈길을 잡아끈다. 가늘고 길게 아치처럼 휘어지는 잎이 특징이다. 실내에서 키울 경우에는 잎에 자주색 줄무늬가 있는 '지브라' 종을 많이 쓰고, 바깥 정원에서는 잎에 노란색이 많이 들어간 종을 쓰기도 한다. 꽃보다는 잎이 크고 선명하기 때문에 잎을 이용한 식물 디자인에 활용하여 다른 화려한 꽃을 피우는 식물과 함께 써도 좋다.

- **추천 혼합 식물**: 봄맞이(흰색 꽃), 아유가(자주색 꽃), 알리숨(흰색, 분홍색 꽃)
- **추천 재배종**: *T. zebrina* 종은 실내 식물로 가장 많이 활용되는 품종이고, 정원에 심을 수 있는 품종으로는 파란색 꽃에 노란색 수술이 특징인 *T. virginiana* 종과, 진한 보라색 꽃을 피우는 *T. andersoniana* 'Concord Grape', 노란색 잎에 진한 보라색 꽃을 피우는 'Sweet Kate' 등이 있다.

Tulipa
툴리파(튤립)

중앙아시아의 매우 너른 지역에서 자생하는 초본식물군이다. 유전적 처리가 되지 않은 튤립이라면 다년생으로 해를 거듭해 꽃을 피운다. 대표적인 알뿌리 식물로 낙엽이 지는 시기에 땅에 심어준다. 식물 전체 크기와 비례해 매우 큰 꽃을 피워 관상 효과가 뛰어난 하이라이트 식물이다. 튤립을 가장 먼저 재배한 나라는 터키로 19세기 *T. sprengeri*의 재배종이 처음으로 유럽에 소개된다. 그 후 네덜란드를 비롯한 유럽에서 활발하게 재배종이 만들어져 지금은 수천 종에 이른다. 배수가 잘되는 땅이어야 하고, 영양분을 좋아해서 밑거름을 충분히 주는 것이 좋다. 꽃을 피우는 시기는 4월이다.

식물 디자인 요령

키는 10~70cm에 이를 정도로 다양하고, 꽃의 모양과 색상 또한 매우 다양하다. 너무 다양해서 고르기가 힘들 정도이지만 꽃의 형태는 크게 3가지로 구별된다. 페롯(꽃잎이 깃털처럼 쪼글쪼글) 타입, 백합 타입, 작약 타입 등이다. 꽃의 색상은 크게 보면 흰색, 보라색, 분홍색, 블랙-자주색, 노란색, 살구색으로 구별된다. 매년 카탈로그를 활용해 키, 형태, 색감을 고려한 뒤, 디자인을 바꿔볼 수 있다.

- **추천 혼합 식물**: 봄맞이(흰색 꽃), 아유가(자주색 꽃), 알리숨(흰색, 분홍색 꽃)과 함께 혼합하여 봄 화단 디자인이 가능하다.
- **추천 재배종**: 품종이 워낙 많이 발달돼 있어서 식물 카탈로그를 활용하면 좋다. *T.* 'Black parrot'(검은색 꽃), *T.* 'Queen of Night' (검은색 꽃), *T.* 'Foxtrot'(분홍색 꽃), *T.* 'Purissima'(흰색 꽃)

Verbena
베르베나

아메리카, 아시아, 유럽 등에서 자생하는 초본식물군이다. 250여 종이 포함돼
있고 일년생 혹은 다년생의 주기로 살아간다. 베르베나는 이집트의 신
'이시스의 눈물' 혹은 그리스의 여신 '헤라의 눈물'이라는 별명이 있을 정도로
인류 역사에서 오랫동안 정원 식물로 함께했던 식물이다. 온대성 기후에서
살지만 따뜻한 기온을 좋아하기 때문에 다년생이라 하더라도 우리나라
기후에서는 상당수가 일년생으로 생명을 다한다. 햇볕을 좋아하고 가뭄에
강하지만 심은 후에는 정착이 될 때까지 물주기를 잘해주어야만 한다.
개화시기는 7~10월로 꽃을 피우는 기간이 길다.

식물 디자인 요령
일반적으로 일년생은 꽃의 색이 화려하고 특별한 무늬가 있는 종이
많다. 다년생은 키가 큰 편이고, 대부분 보라색 꽃을 피운다. 다년생
가운데 *V. bonariensis*는 우리나라에서 '마편초'로도 불리는데
직립으로 잘 서주고, 꽃이 상공에서 흩어지듯 피어나 다른 식물과
잘 어울린다. 흩뿌리듯 산발적으로 심으면 효과가 더 좋다.

- **추천 혼합 식물**: 루드베키아(황금색 꽃), 수크령(가늘고 고운 잎),
  코레옵시스(금계국), 코스모스(짙은 자주색 꽃) 등과 혼합하여
  늦여름 보색 화단 연출이 가능하다.
- **추천 재배종**: *V. rigida*는 30cm 키에 작지만 매우 풍성한 보라색
  꽃을 피우고, *V. hastata* 'Rosea'는 상당히 키가 커서 1.2m에 달하고
  연한 분홍색 꽃을 피운다. *V. macdougalii*는 키가 90cm 정도로 짙은
  보라색 꽃을 피운다.

Veronica
베로니카

대부분 북반구 온대성 기후에서 자생하는 식물군이다. 500여 종의 식물이
포함되어 있다. 일년생도 있지만 대부분 다년생으로 관목 혹은 초본식물의
형태로 자란다. 비교적 추운 기후에도 잘 견디지만 몇몇 종은 따뜻한 기온
속에서 살아간다. 산악 지역에서 자생하는 성질이 있어서 암석정원의 식물로도
좋다. 꽃이 마치 꼬리를 연상시키듯 피어나서 우리나라에서는 '꼬리풀'이라는
이름으로도 불린다. 햇볕을 좋아하고 물빠짐이 좋은 흙에서 잘 자란다.
꽃은 주로 보라색, 분홍색, 흰색으로 6~7월에 피어난다.

식물 디자인 요령
꽃이 식물 전체 줄기를 따라 수직으로 피어나는 형태라 다른 식물과
혼합했을 때 자연스럽게 잘 어울린다. 특히 꼬리를 연상시키는 꽃은
특별한 형태미를 살려준다. 단독으로 심기보다는 집단으로
무리지어 심어야 효과가 좋다.

· **추천 혼합 식물**: 유카(뾰족한 잎), 샤스타데이지(흰색 꽃), 헤우케라
  (하트 모양의 진자주색 잎), 아킬레아(구름 형태의 분홍색 꽃),
  펜스테몬(분홍색 꽃) 등과 혼합하여 여름 식물 화단 연출이
  가능하다.
· **추천 재배종**: *V.* 'Blue Bomb'은 매우 촘촘하고 풍성한 파란색
  꽃을 피우고, *V.* 'Perfectly Picasso'는 흰색 꽃봉오리가 분홍색으로
  바뀐다. 키가 35cm 정도인 *V.* 'Moody Blue'는 짙은 푸른색 꽃을
  피우고, *V.* 'White Wand'는 50cm의 키에 풍성한 흰색 꽃을 피운다.

Viola
비올라

600여 종의 식물이 포함된 큰 속으로 북반구 온대성 기후에서 자생하는
식물군이다. 다년생, 일년생, 관목의 형태로 자란다. 우리나라 자생의 제비꽃
(*V. mandshurica*)은 야생종으로 암석정원에 심기도 하지만, 야생상태의 비올라
속 식물은 자생력이 강해 정원 식물로는 잘 쓰이지 않는다. 대신 재배종이
발달해서 잘 활용되고 있는데, 그중 *V. x wittrockiana*에서 재배된 종을 '팬지
(Pansy)'라고 부른다. 꽃은 노란색, 보라색, 흰색 등의 단색과 특별한 패턴이 있는
경우가 많다. *V. tricolor*는 세 가지 색이 혼합된 재배종으로 '조니점프업(Johnny-
jump-up)' 종으로도 불린다. *V. sororia*는 '비올라'로 부르는 종으로 선명한
보라색 꽃을 피우고 숲 속에서도 잘 자란다.

식물 디자인 요령
팬지 계열은 단색 꽃을 피우는 경우가 많아서 화단을 좀 더 단순하고
내추럴하게 장식하는 데 좋다. 조니점프업 종의 꽃은 세 가지 색의
조합이라 그 자체로 화려하고, *V. cornuta*는 야생 제비꽃을 닮은 작은
보라색 꽃을 피운다. 꽃이 귀한 시기에 헬레보루스, 꽃배추 등과
함께 심으면 늦가을 정원 연출이 가능하다.

- **추천 혼합 식물**: 디안투스(분홍색, 흰색 꽃), 칼렌둘라(주황색 꽃),
  튤립(연어색, 흰색 꽃), 수선화(크림색 꽃), 아유가(짙은 자주색 잎),
  헤우케라(짙은 자주색 잎)와 혼합해 풍성한 초봄 화단 구성이 가능하다.
- **추천 재배종**: *V.* 'Quicktime White Blotch'(흰색 꽃잎과 짙은 남색의
  중심부를 가진 꽃), *V.* 'Penny Series'(꽃잎의 가장자리가 파스텔톤으로
  물든 느낌), *V.* 'Penny Yellow'(밝고 경쾌한 노랑색 꽃), *V.* 'Sorbet Black
  Delight'(노란색 중심부를 가진 짙은 검자주색 꽃)

진하게 표시한 쪽에는 해당 정원 식물의 주요 설명이 담겨 있습니다.

가든 디자이너 오경아가 안내하는
정원의 모든 것!

품고 있으면 '정원이 되는' 책!

〈오경아의 정원학교 시리즈〉

· 가든 디자인의 A to Z

정원을 어떻게 디자인할 수 있는가? 정원에 관심이 있는 일반인은 물론 전문적으로 가든 디자인에 입문하려는 이들에게 꼭 필요한 가든 디자인 노하우를 알기 쉽게 배울 수 있다.

정원의 발견 식물 원예의 기초부터 정원 만들기까지
올컬러(양장) | 185·245mm | 324쪽 | 23,000원

가든 디자인의 발견 거트루드 지킬부터 모네까지
유럽 최고의 정원을 만든 가든 디자이너들의 세계
올컬러(양장) | 185·245mm | 356쪽 | 27,500원

식물 디자인의 발견 가든디자이너 오경아의 형태, 질감, 색,
계절별 정원식물 스타일링 | 초본식물편 |
올컬러(양장) | 135·200mm | 344쪽 | 20,000원

· 정원의 속삭임

작가 오경아가 들려주는 생각보다 가까이 있는 정원 이야기로 읽는 것만으로도 힐링이 되는 초록 이야기를 들려준다.

정원의 기억 가든디자이너 오경아가 들려주는 정원인문기행
올컬러(무선) | 145 · 210mm | 332쪽 | 20,000원

시골의 발견 가든 디자이너 오경아가 안내하는
도시보다 세련되고 질 높은 시골생활 배우기
올컬러(반양장) | 165·230mm | 332쪽 | 18,000원

정원생활자 크리에이티브한 일상을 위한 178가지 정원 이야기
올컬러(반양장) | 135·198mm | 388쪽 | 18,000원

정원생활자의 일두 밀 그림으로 배우는 밑에서 가드닝 수업
올컬러(양장) | 220·180mm | 264쪽 | 20,000원

소박한 정원 꿈꾸는 정원사의 사계
145·215mm | 280쪽 | 15,000원

강원도 속초시 중도문길 24
오경아의 정원학교에서 만나요!

가든디자이너 오경아는 현재 설악산이 보이는 아름다운 중도문 마을에서 가든디자인연구소와 정원학교를 운영 중입니다. 가든디자인연구소에서는 식물 디자인을 포함해 한국에서는 다소 생소한 정원의 예술적 표현을 연구하고, 정원학교에서는 기본, 전문가 과정을 통해 정원문화와 정원생활의 확산을 위해 노력하고 있습니다. 이곳에서 단순한 전문지식의 습득 차원을 넘어 정원의 진정한 의미와 삶의 여유를 만끽하는 소중한 시간을 발견해보시길 바랍니다.

· 홈페이지 : http://blog.naver.com/oka0513
· 강좌문의 : ohgardendesign@gmail.com